艺术与设计系列

COMMERCIAL
SPACE DESIGN

商业
空间设计

黄淑娜 主编

李佩瑶 胡 颖 参编

中国电力出版社

CHINA ELECTRIC POWER PRESS

内 容 提 要

　　本书以图文并叙的方式，讲述了商业空间设计的基本概述、设计要求和设计原则等内容，并配置了大量图片及辅助说明，便于加深理解，让读者能够更为全面地了解商业空间。全书共分为八章，从商业空间的发展趋势、色彩搭配、设计要求、形式设计等角度，客观地讲述了空间设计的重要性与创新性，同时以案例的方式，帮助读者巩固商业空间设计的知识，使读者对时下商业空间的定位有更为全面的了解。本书不但可以作为普通高等院校环境设计专业的教学教材使用，还适合装修行业的设计人员及空间设计的爱好者阅读。

图书在版编目（CIP）数据

商业空间设计 / 黄淑娜主编. —北京：中国电力出版社，2020.3
　（艺术与设计系列）
　ISBN 978-7-5198-4112-6

Ⅰ. ①商… Ⅱ. ①黄… Ⅲ. ①商业建筑－室内装饰设计 Ⅳ. ①TU247

中国版本图书馆CIP数据核字（2020）第006247号

出版发行：中国电力出版社
地　　址：北京市东城区北京站西街19号（邮政编码100005）
网　　址：http://www.cepp.sgcc.com.cn
责任编辑：王　倩　乐　苑（010-63412380）
责任校对：黄　蓓　郝军燕
责任印制：杨晓东

印　　刷：北京博海升彩色印刷有限公司
版　　次：2020年3月第一版
印　　次：2020年3月北京第一次印刷
开　　本：889毫米×1194毫米　16开本
印　　张：7.5
字　　数：220千字
定　　价：58.00元

前 言
PREFACE

随着现代经济的快速发展，商业消费已成为都市居民的基本消费行为，越来越多的人开始注重工作以外的闲暇时光，享受着环境，享受着文化带来的情感满足。优秀的商业空间设计是商业营销中的重要环节之一，如何在商业空间中处理好设计与人的关系，是每个设计师需要全面掌握的设计技巧。

在当今的设计趋势中，商业空间设计已成为现代环境艺术设计的重要课题和内容，本书从社会可持续发展的全新视角出发，从多个角度阐述了商业空间对人们心理活动所产生的影响，以及不同消费群体对商业空间的需求呈现出的消费趋势。设计师应把各种审美理念和价值取向转化为相应的商业空间主题，形成独特的装修风格，在传统与现实、时尚与民俗、商业环境与文化之间引起共鸣，营造具有时代意义商业空间，创造一个能使现代文明与文化内涵共存的空间氛围。

本章共分为八章，第一章主要讲述商业空间的起源与发展。与传统的商业空间相比，现代商业空间的性能特征更为全面。第二章从商业空间的设计要求出发，讲述了商业空间的设计步骤，以及商业空间设计对当今设计师的个人能力要求，展现当代设计师的职业素养。第三章将整个商业空间进行细分，着重讲述了商业空间重要组成部分的设计技巧，融合现代商业空间的设计要素。第四章运用色彩设计原理，通过理论与案例相结合的方式讲述了如何在商业空间设计中运用色彩，设计出具有鲜明个性的空间，吸引消费者的注意力。第五章通过将室外的绿植与室内陈设相结合，创造出富有意境的商业空间。第六章从光环境角度出发，利用照明设计突出商业空间的设计要点，展现商业空间的魅力。第七章以社会可持续发展的主线，通过人体工学与导向设计，表明商业空间的服务对象及服务意识。第八章以图解案例的方式，加深读者对整个内容的全面了解，巩固记忆。

本书强调了艺术设计与商业发展息息相关。在当下日新月异的信息时代，商业空间的设计理念、设计范畴经历着划时代的变革。人们对商业空间的需求越来越趋于复合化、人性化、个性化、多元化，商业空间设计也随之转型，以满足不同顾客的消费需求，营造更为舒适便捷的生活环境和可持续发展的商业空间氛围，这都成为设计师追求的目标。

本书在编写时得到了很多同事、同学的帮助，在此表示感谢。他们有万丹、汤留泉、董豪鹏、曾庆平、杨清、袁倩、万阳、张慧娟、彭尚刚、黄溜、张达、童蒙、柯玲玲、李文琪、金露、张泽安、湛慧、万财荣、杨小云、吴翰、董雪、丁嘉慧、黄缘、刘洪宇、张风涛、杜颖辉、肖洁茜、谭俊洁、程明、彭子宜、李紫瑶、王灵毓、李婧妤、张伟东、聂雨洁、于晓萱、宋秀芳、蔡铭、毛颖、任瑜景、闫永祥、吕静、赵银洁。

本书配有课件文件，可通过邮箱designviz@163.com获取。

编者

目 录
CONTENTS

第一章
商业空间设计概述

学习难度： ★☆☆☆☆

核心概念： 概念、特征、性能、发展趋势

章节导读： 商业空间是公共空间的一种，是商品与服务的交易场所。为了提高商品与服务的交易额度，保证投资者的经济效益，商业空间设计成为一门独立的课程。商品是一定社会生产力和科学技术水平的产物，它体现了历史的发展和人类的进步。因此，作为商品与消费者之间信息媒介的商业空间设计，也必须带有鲜明的时代特征（图1-1）。

图1-1 商业空间

第一节　什么是商业空间设计

一、商业空间概述

商业空间就是商业活动所需的各类空间环境。商业空间是人类活动空间中复杂且多元化的空间类型。

1. 商业空间的起源

人类从事商业活动可追溯到原始生产时期，以家畜、器皿、织物和贵重装饰品等作为等价交换物的以物易物，即物物交换形式（图1-2）。集市逐渐以赶集和"庙会"等形式固定下来而聚集于渡口、驿站等交通要道，相对固定的货贩及为来往商贾提供食宿的客栈，成为固定的商业的原型（图1-3）。

商业活动从非定期交易发展到定期集市，由流动方式发展成集中交易。商业空间的演变也就从流动的空间逐渐演变成特定的空间，而商铺的固定又聚集和吸引了不同的商业种类和商品交易，城镇商业区便由此产生。

2. 商业空间的概念

随着生产力的发展，商业活动由非定期到定期，由赶集成为集贸，由流动的空间发展到特殊的空间。商业空间可以理解为上述活动所需的各类空间形式。

然而随着时代的发展，现代意义上的商业空间必然会呈现多样化、复杂化、科技化和人性化的特征。其概念也会产生更多的不同解释和外延。

（1）传统商业空间。传统商业空间一般包括零售商店、餐饮、服务类等消费空间（图1-4）。

北京南锣鼓巷是北京最古老的街区之一，也是北京保护最完整的四合院区。目前是一条非常有特色的商业街，以经营酒吧、商业店铺为主（图1-5）。这种传统的商业空间中，逐渐开始有越来越多的陈设品加入。

图1-2 物物交换场景

早期的人们使用以物易物的方式，交换自己所需的物资。

图1-3 北宋赶集场景

北宋著名画家张择端在《清明上河图》中描绘了北宋汴梁的繁荣景象，画面中反映了人们赶集的场景。

图1-4 传统商业空间

传统商业空间主要是指以各种老字号店铺、棚摊或者以步行街为代表的传统型购物空间。

图1-5 北京南锣鼓巷

整条商业街以四合院平房为主，门前高挂小红灯笼，装修风格回归传统、朴实的风格。

图1-2	图1-3
图1-4	图1-5

图1-6 现代商业空间

这类空间对陈设需求大、要求高，受众面广。

图1-7 香港时代广场

采用百货公司概念的开放式空间环境设计，消费及娱乐设施划分为不同的区域，包括购物、娱乐、休闲及餐饮空间。

图1-8 酒店大堂设计

酒店设计是商业空间设计的一大内容。酒店大堂作为酒店的门面设计，要结合酒店的定位与形象来设计。

图1-9 餐厅设计

具有个性化的餐厅是当今商业空间的时尚潮流，属于具有自我品牌风格的商业空间。

图1-10 休闲空间设计

人们不再只是满足于商业空间功能和物质上的需要，而是对其环境及对人的精神作用也提出了更高要求。

图1-11 专卖店设计

以商品的陈列展示为主，促进商品以销售为目的的空间环境设计。

图1-6	图1-7
图1-8	图1-9
图1-10	图1-11

（2）现代商业空间。与传统商业空间相比，现代商业空间更像是传统店铺的综合体，已经由单一的零售商店、餐饮类空间、服务业空间发展为综合性的消费场所。现代的建筑设计也是现代商业空间的一大亮点（图1-6）。

香港时代广场位于香港铜锣湾的罗素街，是香港最大型购物中心之一，被香港旅游协会选为香港十大景点之一（图1-7）。所有的消费娱乐设施及停车场共占时代广场其中的十六层。这座大型购物中心内有超过200间商店及一所四间迷你戏院。它也成为国内外游客必到之处。

二、商业空间设计

商业服务的空间环境设计具有广义和狭义之分。广义的商业空间设计可理解为所有与商业行为、商业活动相关的空间环境的设计；狭义的商业空间设计可以理解为商业活动所需的空间环境设计。

随着人类社会的不断进步和市场经济的迅速发展，现代商业空间的综合功能和规模不断扩大，出现了各类商业用途的空间环境设计，如宾馆酒店、餐饮店（图1-8、图1-9）、娱乐休闲空间、专卖店等空间均属于此范畴（图1-10、图1-11）。商业空间设计不同于居住空间，它包含室外空间、过渡空间、室内空间三大方面内容。为了满足消费者更多的需要，商业空间必须具有更加多样化的特征。

商业空间构成

商业空间，基本上是由人、物及空间三者之间的相对关系构成。首先是人与空间的关系，空间替代了人的活动所需机能，包括物质的获得、精神感受与知性的需求；其次是人与物的关系，是物与人的交流机能；最后，空间提供了物的放置机能，"物"的组合构成了空间，而多数大小不同的空间更构成了机能不同的更大空间。人是流动的，空间是固定的，因此，以"人"为中心所审视的"物"与"空间"，因需求性与诉求性的不同，产生了商业空间环境的多元性特征。

第二节　商业空间的特征

　　商业空间的设计目的是以其合理的功能、完善的设施和服务来达到销售商品、促进消费的目的。因此，最大限度地满足商业空间的使用功能，满足人们的使用要求，是商业空间设计的永恒主题。在现代商业空间的使用功能上，除传统的设计理念、设计方法外，商业空间的功能性愈发受到消费者的关注。其功能性特征主要表现为以下几个方面。

一、展示性

　　商业空间以商品的陈列展示为主，以促进商品销售为目的，包括有关产品本身及附加信息的传达，通过商品的展示来表达出商业空间的性能。商业空间只有通过一定的展示，才能体现它的精神面貌。要想使消费者对商店有所了解，就必须通过商品的展台、展示牌、展板，甚至模特的展示来激发消费者的购买兴趣，促进购买欲望，增加消费者的购买信心（图1-12～图1-15）。

　　商品的展示通过有秩序、有目的、有选择的手段来进行。一个好的展示空间设计会给消费者留下美好的印象，相反，商业空间的视觉形象杂乱无章，则会让人产生烦闷、注意力分散、不愿留步的感觉。在当今社会中，消费文化是时代的象征和标志，应不断创造出适应消费者心理需求，具有新艺术潮流的展示空间设计。

图1-12 汽车展台

通过展示汽车来表达出商业空间的性能，人们一眼就能看出这是汽车展台。

图1-13 展示牌

通过展示牌上面的文字、色彩与图形信息，能够激发消费者的购买欲望。

图1-14 展板

展板可以大幅面地展示出展品特色，引发购买行为。

图1-15 模特展示

通过模特展示出展品特色，这种展示方式在汽车展示售销中效果十分显著。

图1-12	图1-13
图1-14	图1-15

二、服务性

商业空间是为人的需求提供相应的服务功能，并满足人们精神与物质生活的需要，当人们在某一个环境中不能满足需求时会选择其他的商业空间。在这些服务中包括有形和无形的服务，例如购物、休闲、咨询（图1-16）、汇兑、租赁、寄存（图1-17）、修理、餐饮、美容等。

三、娱乐性

在大型商业空间中，商场的经营者一般会提供影院、儿童乐园、电子游戏区、运动休闲、主题餐厅、量贩式KTV等各类娱乐场所（图1-18~图1-23）。

★ 补充要点

商业娱乐空间分类

1. 休闲类：酒吧（迪吧）、KTV、俱乐部、夜总会、电影院、游戏厅、娱乐场、马戏团、游乐园、歌剧院、音乐会、商业街（大型商城）、洗浴等。

2. 运动类：运动场，健身房（健身中心），保龄球、高尔夫球、网球和棒球等场所。

3. 饮食类：甜品店、小吃街、餐厅、自助餐、饮品店等。

图1-16 咨询台

咨询台属于商业空间的服务性空间，能够提供消费者一定的帮助与咨询功能。

图1-17 超市物品寄存柜

在商业空间中提供储存物品、保管物品的功能。

图1-18 环幕影院

在大型的商业空间中，电影院是属于娱乐性场所，为消费者提供休闲娱乐，放松身心的空间。

图1-19 儿童娱乐区

在商业空间设计上，以满足消费者的精神需求为主，调剂身心，具体表现为满足商业空间中人的各种需求，包括儿童的娱乐需求。

图1-20 商场电子游戏区

娱乐性是商业空间的重要特征。娱乐空间是与消遣、文化、运动和放松有关的活动，能够吸引大量的不同的消费者，以增加"人气"。

图1-21 商场休闲区

商业空间在为消费者提供娱乐空间时，也应提供休息场所，供消费者稍做调整。

图1-22 主题餐厅

主题式餐厅能够突出餐厅的特色与优势，在众多餐饮空间中脱颖而出，形成具有特色风格的商业空间设计。

图1-23 量贩式KTV

量贩式KTV在设计上采取相同的色彩、风格，达到统一化的装饰效果，从而形成具有品牌风格的特色商业空间，发挥品牌的优势性。

图1-24 商业空间入口

商场入口处的镂空雕塑，在视觉上弱化了空间的空旷感，增强了商业空间的艺术性设计氛围。

图1-25 商场室内艺术景观

商业空间设计较其他空间相比，更加强调设计的艺术性，十分注重对空间内的氛围营造。

图1-26 高科技灯光控制表现

通过高科技控制灯光，展现出良好的光影效果，让整个空间充满科技时尚感。

图1-27 商业空间的声光影运用

注重科技手段的运用和加强，通过展示高科技元素以增强空间内环境的时代感和科技感。

图1-22	图1-23
图1-24	图1-25
图1-26	图1-27

四、艺术性

文化的传承与发展，展示了人类文明，而商业活动场所是大众传播信息的媒介，其艺术性是不可忽视的。设计是一门科学与艺术相结合的学科，好的商业空间设计往往是功能性与艺术性的巧妙结合（图1-24、图1-25）。

商业空间的艺术性体现在商业精简设计的内涵和表现形式两个方面。商业空间设计的内涵是通过空间气氛、意境以及带给人的心理感受来表达艺术性的，不同经营类型和风格定位在空间气氛和意境塑造上会有很大的差异性。商业空间设计的表现形式则主要是指空间的适度美、韵律美、均衡美、和谐美塑造的美感和艺术性，不只是简单地选用装饰材料进行装修和造型设计。

五、科技性

商业空间的科技性首先体现在将新材料、新技术运用于设计之中（图1-26、图1-27）。其次是商业空间设计的空间划分、功能布局、选材用料以及声、光、热等物理环境的设计应该科学与合理。

第三节　商业空间的全面发展

商业空间设计紧随社会的不断进步和科技的不断发展而变化延伸。商业空间设计要有时代性、创新性、前瞻性等时代赋予的使命。随着人们生活水平的不断提高，对居住环境、商业环境、工作环境等空间的设计提出了更高的要求，从物质需求到精神需求，人们对于商业空间给予了更多的关注与期待，并使得空间设计呈现出以下几种主要的发展趋势。

一、以人为本

20世纪60年代以后，人们的价值观从"物为本源"转变为"人为本源"。人们在物质生活得到满足的同时，思想观念也发生着巨大的变化，开始强调以人为本，注重自身生活环境的提升。在商业空间设计中，首先要考虑人的感受，即人们在特定空间中心灵的感受及精神需求，做到以人为本；其次再考虑如何运用物质改善空间环境并以此满足精神需求。

1. 对空间做最有效的利用

商业空间环境的设计不仅仅是对建筑的美化，更多的是对商业空间的功能做最有效的利用，使布局更加合理，以满足人们生活的需要。在满足功能的前提下，尽可能创造舒适、优美的环境（图1-28、图1-29）。

2. 注重消费者需求

商业空间活动是以商业空间的传达和沟通为主要机能的交流活动，其功效的生成与人的心理要素紧密相关。商业空间中不同的色彩、尺度、材质、造型等因素给人的心理传达是不同的，消费者的构成成分及需求、观众的心理状态、观众的疲劳状态等都需要进行调查和研究。如不同年龄、性别、职业、民族、地域、信仰的人，对同样的商业空间环境也会产生不同的心理反应和需求。人们在认知客观事物对象的过程中，总会伴随着满意、厌恶、喜爱、恐惧等不同的情感，产生意愿、欲望与认可等。研究人的心理情感关联着对空间环境设计的影响，要求设计师注意运用各种理论，使空间设计都能符合观众的心理需求，以更好地调动消费者的能动作用，创造舒适的商业空间环境（图1-30）。

图1-28
图1-29　图1-30

图1-28 合理布局

布局合理的商业区整齐有序，消费者可以轻易地找到自己心仪的商品。

图1-29 不合理布局

布局不合理的商业空间，即使货品齐全，也难以吸引消费者的目光。

图1-30 母婴室设计

母婴室是商场专门为孕妇和婴儿准备的休息室，以满足孕妇及婴儿在商场购物的需求。在商场的消费人群中，一部分是以家庭为主的活动，而哺乳期婴儿的需求也是不可忽视的。

图1-31 环保设计

营造出环保、健康、安全的商业空间环境。

图1-32 原生态设计

提倡重装饰轻装修，对天然采光和通风加以充分利用。

图1-33 最新材料设计

高强度钢、硬铝、塑料等建筑材料可以减轻构造重量，如钢结构的楼梯具有安装快速，组装方便等优势。

图1-34 蓬皮杜艺术与文化中心

整体结构以钢结构为主，在不改变建筑物的使用功能的前提下，通过新型建筑材料与合理的结构设计，使得商业空间既符合实际功能需求，又能够达到很好的美学效果。

图1-31	图1-32
图1-33	图1-34

二、生态保护

保护人类赖以生存的自然环境，维持生态平衡，合理开发、利用、使用能源，是世界性的话题，是全球关注的焦点。人类离开赖以生存的环境，将不复存在。正因为人们认识到生态平衡的重要性，所以，在商业空间设计中，人们日益重视保护原生态的空间环境，包括绿色建材的选用和自然能源的合理利用（图1-31、图1-32）。

三、高新技术的应用

建筑大师密斯·凡得罗曾说过："当技术实现了它的真正使命，它便升华为艺术。"艺术与技术并肩前行，设计师已意识到了社会的发展方向并进行了顺应历史潮流的探索。密切关注技术的发展动态，甚至是其他领域的，如航空航天、机械制造和自动控制等方面的技术发展动态，大胆尝试将最新的技术和材料结合运用到自己的设计中，与艺术结合将永远是设计师应有的职责。建筑中就存在这样以高科技风格为特征的"流派"——高科技派，也称为"重技派"。

高新技术宣扬机器美学和新技术的美感，它主要表现在以下三个方面。

1. 采用新型材料设计

提倡采用最新的材料——高强度钢、硬铝、塑料和各种化学制品来制造重量轻、用料少、能够快速与灵活装配的建筑；强调系统设计和参数设计；主张采用与表现预制装配化标准构件（图1-33）。

2. 不改变功能与结构设计

表现技术的合理性和空间的灵活性，既能适应多功能需求又能达到机器美学效果。这类建筑的代表首推巴黎蓬皮杜艺术与文化中心（图1-34）。

3. 强调科技实用

强调新时代的审美观应该考虑技术的决定因素，力求使高新工业技术接近人们习惯的生活方式和传统的美学观，使人们容易接受并产生愉悦感。开放与交流带来了世界经济的一体化，

图1-35 | 图1-36

图1-37

图1-35 多元化设计

在设计中融入多重元素，不局限于某一种材质或设计风格，体现出设计的包容性与独特性。

图1-36 混搭设计

混搭风格跨越了装修的时代背景，融合了不同的装修风格，摒弃了过多的约束，摆脱了沉闷的装修格局，符合当今人们追求个性、随性的生活态度。

图1-37 空间设计的民族化运用

在进行商业空间环境设计时，应融合时代精神和历史文脉，发扬民族化、本土化的文化，用新观念、新意识、新材料、新工艺去表现新中式商业空间，创造出既具有时代感又具有民族风格、地方特色的空间环境，这是时代赋予设计师的使命。

也带来了更多建筑新技术的应用及新设计的发展。这些以新材料、新思想、新设计为主的建筑已席卷全球，新技术在功能、形式上表现建造者的愿望，逐渐成为现代建筑师们的主要手法。

四、多元化

建筑设计中的风格与流派一直影响着设计师，"现代主义""后现代主义"等风格左右着商业空间设计的风格走向。但在多元化的时代，商业空间设计的风格很难用固定的模式区别和统一，商业空间设计的使用对象不同、功能不同、环境不同以及投资标准的差异等多重因素影响着设计的多层次和多风格的发展。多元化的商业空间设计在当今社会中呈现出一个整体的趋势，代表着时代的特征，反映出当今世界设计的发展潮流（图1-35、图1-36）。

五、世界化

在文化多元化的今天，世界上民族的多元化造就文化的不同，决定着民族间语言、行为、思想、信仰、设计的不同。我国是一个具有悠久历史的文明古国，五千年的历史造就了多样化的民族，形成了不同的文化特征。同样，商业空间环境设计也因地域、文化、历史等因素形成不同的风格特征。在商业空间环境设计上应充分表现民族化的特征，因为只有蕴含民族特色的优秀文化，才具有世界的意义，例如中国功夫、中国园林、中华美食等，皆已名扬世界（图1-37）。

第四节 案例分析：高端服装空间设计

　　宝姿（PORTS）诞生于加拿大港口城市多伦多。创始人卢克·塔纳贝（Luke Tanabe）先生是一位环球梦想家，追求"清晨在撒哈拉沙漠畅游，傍晚在纽约晚餐"的生活方式。他从一件顶级质地、做工考究的NO.10白衬衫起，建立起宝姿时尚王国，如今产品系列包括服装、手袋配饰、眼镜、香水等，简约优雅的时装风格深得全球名流及时尚人士钟爱。

　　设计中使用了300mm×300mm的玻璃方体和两条短边为300mm的垂直等腰三角形玻璃体。这两种玻璃体灵活组合地成了平整的表面或者锯齿状的表面，视觉效果相当突出（图1-38～图1-44）。

　　蓝色的透明玻璃中岛，成为男士区域的一大亮点，赋予了空间丰富的设计元素，很好地将男士与女士购物区域分开（图1-45～图1-47）。

图1-38 店面外部装饰设计

店面外部设计以方格造型为主要结构，投射在外立面上的影像，具有科技感。

图1-39 门头设计

门头以简单的品牌名为主，没有多余的装饰，简洁明了。拾级而上的台阶，赋予店面高端形象。

图1-40 展示设计

当季的服装新款摆在店面最为显眼的位置，消费者在进店的时候能够第一时间捕捉到当季的流行时尚元素。

图1-41 商品展示设计

靠墙货架与墙上的展示隔板，能够有效地将商品展现出来，弧形的天花与旁边的圆形镜子形成了呼应。

图1-42 镜面设计

没有采用传统的单面镜或者整面墙的镜子，而是以独特的造型来呈现与空间的拱门相呼应，柔化了空间的棱角，展现出东方女性的柔美。

图1-43 空间布局设计

合理的空间布局能够有效地引导客户购买。利用空间，从店铺人流动线上来说，这样能够很好地引导客户观看整个店内的展示品，从进门的流动线开始，将店内的展示品收入眼中。

图1-38	图1-39
图1-40	图1-41
图1-42	图1-43

图1-44 造型设计

整体造型以几何框架为主，以原木色为主，造型多以展示架的形式出现，造型简单别致，比较适合都市工作人群的快节奏生活。

图1-45 流线设计

蓝色的中岛设计，赋予了强烈的男士气息，从视觉上区分了男装区与女装区。

图1-46 美观性设计

靠墙的置物架展现出复古的气息，同时，金属色也能展现出男士的成熟稳重的感觉。

图1-47 灯光设计

经典的极简设计风格，大理石地面，墙面是白色与木纹色形成对比。没有繁复的装饰，却展现了非凡的设计功力。丰富的木结构拼接让整个空间生动起来，是一种建筑艺术的重生，更是新时代的设计追求。

图1-44	图1-45
图1-46	图1-47

本章小结

本章以全方位的角度讲述了商业空间的基本性能及空间特征，引导读者从多个角度解读商业空间的优势及未来的发展趋势。商业空间作为人们休闲娱乐的好去处，空间的连接性与包容性更加广泛，深受大众的喜爱。而作为设计者来说，了解商业空间的形成与发展，有利于抓住设计的核心要素，设计出更为完善的商业空间体系，满足消费者对商业空间的需求。

第二章

商业空间设计步骤

学习难度： ★★☆☆☆

核心概念： 设计要求、设计步骤、设计师素养

章节导读： 商业空间设计目的之一是提高商业交易额，满足投资者的盈利需求。在设计过程中应更多考虑到投资者的需求，同时融入设计师的创意思维，将固化的设计形式变得生动活泼。设计过程应具有强烈的逻辑关系，将逻辑思维体现至设计的每一步，而对于设计形式又要趋向于感性认识，综合完成整体设计（图2-1）。

图2-1 空间设计

第一节　空间五大设计要求

一、个性化设计

商业空间的设计不是一成不变的，随着时代的发展，不同时期的文化品位和地域特色是商业空间环境设计以及所有设计范畴的永恒主题。商业空间环境设计也应以此为目标，同时要具有独特的个性风格，才可保持设计的永久性和持续性。注重文化品位是传承和延续商业环境的基础，地域特色是影响和造就经典设计的重要因素，在设计中应予以强化，缺少个性化的商业空间设计是没有生命力和艺术感染力的。

在设计初始阶段，从开始构思到深化设计的过程中，奇妙的构思和大胆的创新会赋予商业空间设计勃勃生机。现代商业空间环境设计是以增强商业空间环境的购物与心理需求的设计为最高目标。例如，将商业空间赋予不同的设计理念，吸引更多慕名而来的消费者（图2-2、图2-3）。

二、功能性设计

在商业空间设计中，要求装饰装修、家具陈设、景观绿化等各方面最大限度地满足功能需求并使其与功能谐调统一。设计师在设计过程中，功能性是首先要考虑的问题（图2-4、图2-5）。

三、美观性设计

对美的追求是人的天性，但美的概念是随时空变化的。在商业空间设计中，一方面要突出商业空间设计的特点，另一方面要强调设计在文化和社会方面的使命及责任，需要把握好两者之间的平衡点。例如，室内服装店的店面设计尽可能简洁轻盈（图2-6），而商业空间户外应增加部分景观设计内容，进一步提升观赏价值（图2-7）。

图2-2 带有仿生设计的商业空间

欣赏具有特色的商业空间对于消费者来说是一种很享受的消费体验。

图2-3 具有浪漫气息的空间设计

在现有的物质条件下，在满足实用功能的同时，实现并创造出更多的精神价值。

图2-4 入口功能

功能性是商业空间设计的第一要义，商场入口是首要功能。

图2-5 展示功能

商业空间的装饰装修、家具陈设、景观绿化等各方面都应最大限度地满足功能需求。

图2-2	图2-3
图2-4	图2-5

图2-6 室内美观性设计

简洁明亮的室内空间设计，能够减轻消费者的视觉疲劳，形成一种简约美。

图2-7 外景设计

外景主要体现在景观设计上，商业空间有室内与室外之分，在注重室内空间营造的同时，室外空间的设计也不容小觑。

图2-8 繁华的商业广场

在室外空间中，充分运用太阳光，减少能源消耗，例如人行道两边的路边可采用环保节能系统。

图2-9 中式餐厅设计

采用当地的特色植物、花卉来装饰空间，能够有效降低经营成本，也能做到美化环境的作用。

图2-10 生态塑木制作的店面招牌

使用环保材料装饰商业空间，为生态可持续发展保驾护航，减少二次污染与乱砍滥伐。

图2-11 菠萝格防腐木制作店面外墙装饰

在设计中尽量使用天然材料，减少二次加工污染等，以保护我们赖以生存的环境。

图2-6	图2-7
图2-8	图2-9
图2-10	图2-11

四、经济性设计

经济性设计简单来说，就是用最低的能耗达到最佳的设计效果。设计作品时应考虑最多的是减少能耗，物尽其用。例如，尽量利用当地气候和通风条件，减少空调能耗；和建筑师共同探讨采光模式，减低照明能耗；在节能方面更多地考虑耐用性和可靠性，降低维护成本等（图2-8）。通过这些设计方案，让空间作品的生命力得以延长，并尽可能为环保做出贡献。此外，采用民俗传统风格设计，最大程度在当地选材装修，提倡因地制宜的设计理念，降低设计施工成本（图2-9）。

五、注重可持续发展要求

可持续发展是当今城市发展的主题。任何时期的经典设计和优秀的商业空间环境的塑造无一不遵循这一规律。创造一个符合现代城市发展理念的商业空间环境是人们所期望的。在商业空间环境设计中应反对急功近利的开发和建设，在可持续发展理念下进行设计，在注重经济性的同时，关注可持续发展（图2-10、图2-11）。

商业空间设计师的分析能力

投资者让设计师做设计方案的目的之一是盈利的考虑。投资者希望通过一个优秀的设计方案来增强竞争力、吸引消费者，获得更多利润。为达到这一目的，设计师在设计方案前，必须针对投资者所在行业做出精准的分析，这就要求设计师具备良好的分析能力。具有这样的基本功，设计师才能对业主的核心竞争力与盈利点做出分析与策划，并以此为基础做出一个优秀的设计方案。

例如，酒吧投资者的核心竞争力是歌手的驻唱效果，那么在空间设计上就需要体现浓浓的音乐氛围，声、光、电都应该面面俱到，更需要对驻唱歌手进行包装、宣传，并在装修上体现浓浓的驻唱歌手的风格。再如咖啡店，如果咖啡是现磨的，那么投资者必然想要在消费者面前展现出来，设计师就应当把咖啡的冲调操作台面向消费者，而不是设计在吧台下面。

第二节　商业空间的设计流程

商业空间设计包括设计前期准备阶段、设计阶段、确定施工方案阶段和施工阶段四个阶段。

一、前期准备阶段

设计前期准备阶段主要包括以下几个环节：接受任务书（业主委托设计或招标办领取）、与业主交流、了解投资情况、现场勘察、市场调研、收集整理与分析设计资料、编写可行性分析报告等内容。

在设计前期准备阶段，首要的工作就是了解和调研同类商业空间项目的设计风格、空间布局、经营状况等信息，以便在设计中能扬长避短，突显自己的特色。其次通过了解市场需求、受众的购物及消费心态等内容，把握设计的主旨并明确设计的目的和任务。明确需要做什么之后，进而明白应做什么和怎样去做，才能胸有成竹，拿出优秀的设计方案。最后还要认真勘查现场和综合研究资料及法律法规等，避免设计与国家规范有所冲突，为今后工作打好基础。

二、设计阶段

通过设计前期准备阶段对项目的深入研究，在将各种要求、条件及制约因素等分析和整理后，设计的定位已基本明确。下面开始进入商业空间设计的创作过程，将具体的内容和形式落实到具体的空间中。

1. 草图设计

草图设计是一种综合性的作业过程，也是把设计构思变成设计成果的第一步。设计师根据先前获悉的各种相关资料、数据，结合专业知识、经验，从中获取灵感，并通过创造性的思维对空间组织进行构思，对色彩设计进行比较，对装饰造型的细节进行推敲，这些都可以通过草图的形式进行（图2-12）。草图的绘制过程，

图2-12 草图绘制

草图绘制是设计师需要具备的基本功，也是设计师将设计思维转换成设计图纸的关键步骤。设计师对色彩、材质、数据的反复修改都是在草图上进行的。

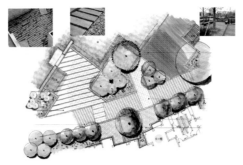
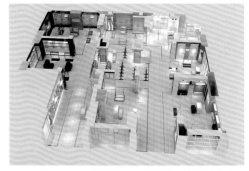

图2-13 设计意向图

设计意向图是设计师根据客户的设计要求绘制出的草图，符合客户的设计初衷。

图2-14 设计模型

模型一般分为粗模型、外观模型、透明模型、剖面模型、测试模型及精细模型六类。

图2-15 商业空间效果图

商业空间效果图用于展示设计者的设计方案，使客户可以直接感受。

图2-13 | 图2-14
图2-15

实际上是设计师思考的过程，也是设计师从抽象的思考进入具体的图式的过程。灵感一现的瞬间，可以通过草图记录下来，并通过深入思考将草图深化、完善。

2. 确定方案阶段

方案设计是草图的进一步具体化、准确化、深入化的过程，要对筛选的设计草图进行设计的深入开发。在这个阶段中，与委托方的沟通是必需的。设计师应当通过各种方式，完整地向委托方表达出自己的设计构思与意图，并征得对方的认可。如果在设计构思上与委托方存在分歧，则应力求达成共识，因为任何一个成功的设计，都是被双方所认可的。

（1）意向图。通过一些与创意要求相似的参考图片，作为前期的方案书，说明方案构思成果并向委托方传达设计的概念及表现成果，给委托方以直观的认识并助其深入理解方案设计的意图及创意点，便于设计师与委托方沟通方案设计意图（图2-13）。

（2）设计模型。设计模型是依照设计物的形状和结构，按照比例制成的样品，是对设计物造型的实态检验。通过模型来分析设计物在功能、结构和使用上的合理性，容易获得较准确的判断及更直观的效果表现。设计师必须具备制作模型的知识和技巧，以便自己动手或指导制作模型，并在制作过程中及时发现问题，通过修改获得满意的设计效果（图2-14）。

（3）设计方案。设计方案一般包括设计说明、目录、平面图、天花图、主要立面图、透视效果图及造价概算。方案设计图不能完全作为施工的依据，其作用只是表达出所设计的商业空间的初步设计方案（图2-15）。

三、确定施工方案阶段

草图是设计师的构思阶段，方案设计是表现阶段，施工图设计是对所设计内容的实施阶段。再好的构思、再美的表现都不能脱离相关标准和规范。

商业空间设计的施工图是设计实施阶段的技术性图纸。它要求以符合国家规范的方法绘制出各个部位的构造图纸。它也是设计师用技术的方法向施工者表达设计意图，规定制作方案的技术文件。施工图设计最主要的是局部详图的绘制。局部详图是平面、立面或剖面图任何一部分的放大，主要用来表达平面、立面和剖面图中无法充分表达的细节部分，包括节点图和大样图，一般用较大的比例尺寸绘制。

四、施工阶段

施工阶段，是实施设计的重要环节。为了使设计的意图更好地贯彻实施于设计的全过程，在实际施工阶段中，设计师要经常到现场指导施工及按照设计图纸进行审验，并根据现场实际情况进行设计的局部修改和补充（图2-16、图2-17）；施工中要协调施工方选材；施工结束后，配合质检部门和投资方进行工程验收。

★ 小贴士

设计师的谈判能力

"知识就是力量"这一名言，可以说是放之四海而皆准的真理。丰富的家装知识为设计师提供多彩的话题。一般来说，具有更多家装知识的设计师，谈判时才具有较强的语言表达能力。为什么呢？因为知识过于狭窄，对客户所提出的问题缺乏见地，想开口又无从说起；而说起自己熟悉的问题，容易打开自己的思维。

家装知识应该包括专业知识、自然知识、历史知识、社会知识、风土人情知识、社会风俗知识等。首先应把自己的头脑充实起来，在与客户交流的过程中，才能表达流畅无阻，从而吸引客户，使签单成为情理中事。吐珠泻玉正是设计师综合知识的外露。同样的一个意思往往有雅俗不同的许多种说法，同样一句话，不同的设计师说出来，有的显得笨拙生硬，有的就显得生动活泼，富有感召力，容易取得客户的认同，这与设计师自己的知识修养有很大的关系。

第三节　设计师的自我修养

一、沟通能力

设计师应善于宣传自己以及自己的设计作品；在展示设计的同时应善于听取别人的意见；应善于同别人合作，有良好的团队意识。

图2-16 | 图2-17

图2-16 现场施工
施工现场要保护好地面、墙面，防止磕伤墙面与地面，施工完毕后的垃圾要及时清理干净。

图2-17 施工交底
在施工前，设计师要做好设计交底工作，明确解释设计说明及图纸的技术要点。

图2-18 商业空间线稿绘制

熟练掌握造型基础、色彩运用、计算机应用、透视效果表现等技能。

图2-19 商业空间着色表现

能将自己头脑中的设计意图准确、熟练地表现出来并应用于设计之中。

图2-18 │ 图2-19

二、设计能力

商业空间设计是一门空间艺术，因此，对空间的理解和想象能力至关重要。平时要多观察、多思考，以培养三维空间的思考能力（图2-18、图2-19）。

三、协调能力

设计师就像润滑剂，既要协调好各专业人员之间的关系配合完成设计，又要协调投资方与施工方共同完成施工建设，这些都离不开设计师的协调能力。为达到理想的设计效果，设计师必须主动、全面、准确地掌握设计、施工中各环节的进度、动向，并检验是否达到设计效果。

四、创新能力

设计的主旨体现在创新上，正因为不断地创新，才会有更好的设计。设计师要永葆创新能力，这样才能在设计中注入新鲜的设计理念。"没有最好，只有更好！"这应该是设计师不断追求的目标。

五、指导能力

工程是按图纸施工，设计变更是常遇见的情况，设计师要协调、指导现场施工，要有能力判断、决断。发现问题及时解决。

第四节 案例分析：商业酒店空间设计

澳门君悦酒店为澳门的一个顶级五星级豪华酒店，是以水世界为主题的综合娱乐度假区——新濠天地，酒店位置优越，交通便利。汇聚环球美食、华丽购物大道及独家娱乐设施。酒店提供穿梭巴士，往来各交通要点及市中心（图2-20～图2-22）。

图2-20 酒店外观

酒店外观采用玻璃幕墙设计，能够让酒店内所有的客房都能拥有绝佳的视线，从室内就能看到澳门的旖旎风光。在傍晚，酒店外墙上的霓虹灯准时亮起，从远处看，仿佛是跳动的音符。

图2-21 酒店大堂

酒店大堂分为前台区、接待区及中庭，整个空间奢华大气，透露出该酒店的品位。

图2-22 酒店接待处

接待处位于酒店的一侧，能够让顾客在这里稍做调整，长长的沙发刚好将休息区围护起来，使该区域的功能更加明显。

图2-23 中式包房

中式包房采用雕花门窗，山石小品景观，再现了中式风格的韵味，墙壁上的柴火让整个包房更具特色。

图2-24 中式大堂

中式大堂则采用了带有中式风格的座椅，在色彩上以棕色、米色为主，中式的餐具也是一大特色。

图2-25 明炉小炒

在这个就餐区域中，开放式的布局设计，能够看到厨师一边备菜，一边做菜。同时，也能做到让客户看得开心，吃得放心。

图2-26 西式炭烤

西式炭烤区由于炭烤的温度过高，且带有轻微的烟熏，在设计上采用玻璃进行隔断，但是在视线上不存在遮挡，顾客能够看到厨师熟练地操作食材。

图2-20	图2-21
图2-22	图2-23
图2-24	图2-25
图2-26	

　　该酒店拥有两间重点餐厅。其中"满堂彩"提供正宗北方佳肴，设有中式设计的大厅和包房，且24小时营业（图2-23、图2-24）。

　　2楼的MEZZA9提供澳葡菜、西式炭烤、寿司及鱼生、明炉小炒、传统中式蒸点、蛋糕西饼，并设有酒吧及酒窖。酒店大堂设有香槟吧，并附有咖啡厅及西饼店，出售正宗葡式蛋挞西饼、自制巧克力等（图2-25、图2-26）。

图2-27 水疗中心

水疗中心是酒店的一项温馨设计，经过长途跋涉的旅程，人们感到身心疲惫，在水疗中心可以去除旅途的疲惫，以更加饱满的精神去面对接下来的工作。

图2-28 健身中心

全透明玻璃窗的健身中心设计，让人们在锻炼身心的同时，也能够透过玻璃窗去领到澳门的夜景，让健身变得不再枯燥乏味。

图2-29 客房布局

酒店的每间客房都配有落地窗、小型沙发、卫浴设计，保证客人享受到"家"一样的温暖。整个房间的格局划分清晰，布局合理，整个房间内部采用暖色调的设计，有利于客人的睡眠。

图2-30 客房浴室

24小时不间断的热水，保证客人随时随地都能沐浴。浴室的设计都是透明的玻璃隔断，整个空间通透明亮。

图2-27	图2-28
图2-29	图2-30

24小时开放的健身中心可远眺池畔平台，观看澳门的夜景。水疗中心内设15间宽敞套房、40m² 户外恒温泳池、按摩池、蒸气房、淋浴设施（图2-27、图2-28）。

套房位于嘉宾轩楼，72m² 的空间以柔和的色调和天然材料营造出宁静怡人的气氛。宽敞的客厅饭厅及主人房组成一个家一般舒适静谧的私人商务空间（图2-29、图2-30）。

章节小结

本章从设计师的角度出发，全面地讲解了在商业空间设计中，设计师作为空间的规划者及策划者，如何进行商业空间的设计。而在商业空间设计的过程中，遵循一定的设计原则，才能让设计师少走弯路，减少设计师的工作量，让设计师全身心地投入到设计工作中，创造出更多具有代表性的作品。

第三章
商业空间设计方法

学习难度： ★★★★★

核心概念： 空间功能、设计方法、风格、要点、设计原则

章节导读： 与传统商业空间相比较，现代商业空间的设计手法多种多样，设计形式也没有一个标准的定义，在众多的设计手法中，动态设计是商业空间设计中备受青睐的方式。与传统的设计方式不同，动态设计让观众不但可以触摸商品，体验商品价值，让商品与观众之间的互动变得有趣，使商业活动变得更加丰富多彩（图3-1）。

图3-1 现代商业空间设计

第一节　购物空间设计

一、购物空间概述

　　购物空间是商业类空间的一部分，购物空间泛指为人们日常购物活动提供需求的各种空间与场所。其中最具代表性的为各类商场、商店，它们是商品生产者和消费者之间的桥梁和纽带（图3-2、图3-3）。同时商场也起到了了解消费需求、归纳商品评价、预测市场动向、协调产销关系的作用，使得商品"价廉物美"，使得购物行为"方便愉快"。买卖双方，即消费者和商品经营者，构成了商业空间购物环境中的主体要素，缺少一方就没有商业活动（图3-4）。

　　购物空间首先是商家为实现商业目的，为消费者建造与设计的。反映在建筑层面是注意选址、规划和布局、空间的组合设计，外观与形象的设计。在环境设计层面上是对消费主体的分析、定位及相应程度的空间美化。从设备设置层面而言，则必须提供清新的空气，适宜的温度与湿度，足够的光照度，满足安全舒适的要求（图3-5）。

二、购物空间分类

1. 购物中心

　　购物空间的功能齐全，集购物、餐饮、娱乐、休闲于一体（图3-6、图3-7）。

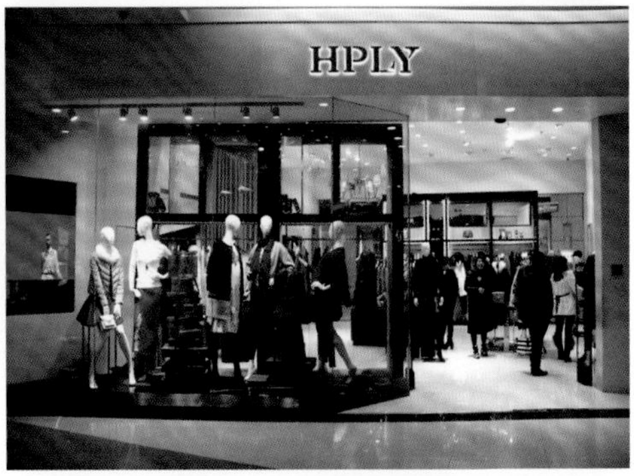

图3-2 购物商场

在我国，商品生产企业的产品，大部分是通过各种各样的商场流入顾客手中。

图3-3 服装店

服装店是服装与消费者之间的沟通桥梁，为消费者提供了购物空间。

图3-4 买卖双方

购物环境为买卖双方围绕商品提供交易的空间，汽车销售空间具有较大的展示空间，符合此类空间的设计需求。

图3-5 营造购物环境

从建筑的特点出发，结合商场的类型和商品特点及环境因素，创造出使消费者流连忘返、满足精神需求的特色空间。

图3-6 购物中心外景

购物中心外观新颖别致，极具标志性因素，在外观造型上十分突出。

图3-7 购物中心内景

在节假日时，商场常会举行活动，装饰商场空间，营造温馨舒适的购物环境。

2. 超级市场

特点：商品种类多，分类合理。便于人们日常生活消费（图3-8）。

3. 中小型自选商场

特点：小规模经营，灵活方便，并可渗入各类生活空间中（图3-9）。

4. 商业街

特点：休闲购物娱乐为一体。注重入口空间、街道空间、店中店、游戏空间、展示空间、附属空间与设施设计（图3-10）。

5. 专卖店

专卖店的定位明确，针对性强，风格具有个性。有家用电器、时装、金银首饰、品牌专卖等（图3-11）。

三、购物空间设计原则

1. 商业店面的入口设计

商业店面入口的位置是人流汇聚的中心，其内空间应尽量开敞，并留有足够的缓冲空间，以保证顾客进入方便和疏散顺利。流线设计（图3-12）应结合商业店面空间的整体布局来设置，避免出现顾客不光临的"死角"，具有引导性的动态流线设计非常重要。

图3-8 超级市场外景

超级市场的占地面积大，装饰风格统一性强，一般位于城市的中心地带或交通便利的区域。

图3-9 中型自选商场内景

所有的商品明码标价，消费者按需称取即可，最大程度上保证了客户的自由选择性。

图3-10 商业街

商业街是商业空间的附属空间，一般建立在商业空间的周边，具有较高的人气。

图3-11 专卖店

专卖店是商业空间的重要组成部分，各类专卖店的入驻，能够有效提升商业空间的档次。

图3-12 流线设计

购物空间的流线设计在一定程度上决定了一家店面的销售额。若流线设计不当，当店内人数剧增，后来的客人不愿等待，选择离开，导致客源流失。

图3-8	图3-9
图3-10	图3-11
图3-12	

图3-13 商场低层店面入口

由于入口层高太低，在设计上避免杂乱的线条与造型，通过简单的墙面装饰与橱窗展示，整个入口看起来简洁大方。

图3-14 商场中层店面入口

当层高足够时，可利用天花、配饰、造型来展现商场风格，从外观造型上吸引消费者的视线。

图3-15 开架式销售形式

开放式货架给予消费者更多的自主选择性，能够方便拿取物品，使其可以认真地挑选商品。而适合开架式销售形式的一类商品，属于生活中的必备品。

图3-16 闭架式销售形式

封闭式货架一般销售的物品较为贵重，有专业的销售人员帮助拿取。这一类商品的价格高昂，一般情况下不允许消费者自由拿取。

图3-17 化妆品陈列家具

商业空间的造型、风格、色彩、材质设计的好坏直接影响着整个空间的审美效果。

图3-18 工艺品陈列家具

对于工艺品陈列，当物品较多时，在家具选择上一般会以简洁大方的家具为主，这样整个空间不会显得凌乱。

图3-13	图3-14
图3-15	图3-16
图3-17	图3-18

　　商业店面入口设计要点在于，用吊顶造型与地面的流线相呼应的设计手法来增强人流导向性；其次用货架陈列、展示柜等的划分方式来引导顾客走向；还可以通过天花、墙面、地面三界面的造型、色彩、材质、灯光、配饰等要素的多样化构成手法来吸引消费者的注意力，从而激发消费者的购买欲望（图3-13、图3-14）。

　　2. 商场的销售区

　　（1）商业卖场销售形式。商业卖场的销售形式主要有开架式、闭架式两种。开架式是指不需要通过营业员服务，而让顾客随意近距离挑选货柜、展台、展架上的商品的开架式经营方式。开架式是销售的主流形式，体现了商品经济时代高效、个性化的特点，适用于家用电器、服装服饰、家具家居用品、日常生活用品、食品等（图3-15）。闭架式多适用于化妆品、金银首饰、珠宝、手表、手机、照相机等小件贵重物品的销售（图3-16）。

　　（2）商业卖场家具设计。商业卖场的家具主要指陈设商品用的展架、展柜、展台等。展架、展柜、展台是商业空间的主角，设计中首先实用功能是第一位，其次是形式的美感，另外还要考虑其灵活性与多样性（图3-17、图3-18）。

3. 卖场家具布置形式

（1）直线型。直线型是指按照营业厅的梁柱的结构，把每节柜台整齐地按横平竖直的方式有规律地摆放，形成一组单元的柜台布置形式。其优点是摆放整齐，方向感强，容量大；缺点是较呆板，变化少，灵活性小（图3-19、图3-20）。

（2）斜线型。斜线型是指商品陈列柜架与建筑梁柱或主要流线通道布置成一个有角度的柜台形式。其优点是活泼，有一定的韵律感；缺点是容量相对较小，异型空间较多。一般适用于运动、休闲品牌商店，或因地制宜安排店面空间的商店（图3-21、图3-22）。

（3）弧线型。弧线型是指把展柜、展架、展台设计成弧形、曲线形的摆放式样和造型的陈列方式。其优点是活泼、动感强，缺点是占用空间较大。一般适用于柔和感较强的首饰、化妆品或女性用品商店（图3-23、图3-24）。

在实际运用中，以上三种陈列样式互相穿插布置，才会创造出灵活多变、活泼创新的空间形式。不同的商品采用不同的陈列方式。总之，只有把握商品陈列摆放有序、主次分明、视觉效果好、便于顾客参观选购的原则，才能设计出好的空间布局。

图3-19 橱窗直线型布置

橱窗直线型布置能够一眼看清楚店内的陈设布局情况，消费者能在第一时间决定是否选购商品。

图3-20 货架直线型布置

货架直线型布置有利于商品有序摆放，小型购物车也能够安全通过。

图3-21 运动品牌商店斜线型布置

运动品牌店采用斜线型布置方式，让空间充满活动的氛围，有韵律感，展示出运动的感觉。

图3-22 休闲品牌商店斜线型布置

休闲与运动品牌店性质类似，服饰都以舒适性为主，斜线型布置在视觉上都能给予消费者舒适、活泼的感觉。

图3-23 首饰商店弧线型布置

弧线型布置在视觉上具有柔和性，让人感觉到活泼开朗、动感十足。

图3-24 化妆品商店弧线型布置

将这种布置形式运用到女性类商店中，易得到女性的关注，也体现出女性对柔和空间的倾向性。

图3-19	图3-20
图3-21	图3-22
图3-23	图3-24

图3-25 石材墙面

天然石材装饰室内墙面不仅能提升装饰效果，也能体现品位和个性。

图3-26 板材墙面

板材墙面的纹理自然美观，能满足各种尺寸、形状要求，尺寸稳定不变形，是一种新型木质板材。

图3-27 门厅吊顶

采用轻钢龙骨纸面石膏板，与墙面设计造型相呼应，整体性强。

图3-28 中庭吊顶

采用轻钢龙骨吊顶，与吊灯造型打造出时尚、新潮的商业空间。

图3-29 走道吊顶

采用铝扣板吊顶，具有良好的防火性能，且方便维修操作。

图3-25	图3-26	
图3-27	图3-28	图3-29

★ **补充要点**

家具布置原则

1.整体性原则。布置家具必须满足整体环境的需要，把家具当作整体环境的一个有机组成部分。任何一件家具都不是孤立存在的，它受到其周围环境的制约，同时又对其赖以存在的环境产生影响。

2.实用性原则。家具造型与色彩的美观必须以其功能的实用为前提。若是不实用，那么再漂亮的家具也无从展现，在设计风格上也会不统一。

3.合理性原则。家具布局要合理，确定家具在空间内的具体位置，首先要考虑人流活动的线路，使它尽可能简捷、方便、不能过分迂回、曲折。

4. 商业卖场界面设计

商业卖场的主要界面是墙面、天花、地面。

首先，商业卖场除中厅、柱子采用石材、塑铝板等耐用并符合消防要求的装饰材料外，大多数墙面基本上被展柜、货架、展架所遮挡，通常只是刷乳胶漆或做喷涂处理。但卖场区域展示柜的上方、"屋中屋"外立面和专卖场主背景墙面，往往是设计的重点，它对整个设计风格的突现，能起到很好的展示作用，应做重点设计（图3-25、图3-26）。

其次，商业卖场中吊顶材料多使用轻钢龙骨纸面石膏板，还有轻钢T龙骨硅钙板、矿棉板、铝扣板等消防性能较好的防火材料。商业卖场天花的设计应以简洁为好，与地面总体的格局做呼应处理，还要考虑其造型的设计不与空调风口及消防喷淋相冲突（图3-27~图3-29）。

图3-30 开放式卖场地面

由于商场属于开放式空间，采用大规格地面材料，在视觉上扩大空间，同时，地砖具有耐磨易清洗等特征。

图3-31 室内专卖店地面

商场的有些高档的商品专卖区或独立经营的专卖店，用木地板或地毯进行地面铺装，以提升商业卖场的档次。

图3-32 店面外部照明

店面外部照明主要以突出品牌标志为主，让品牌能够融入消费者的视线。

图3-33 店面内部照明

店面内部照明则是为了展示商品，通过灯光来烘托出商品的特性，因此，要格外注意灯光的显色性与防眩光。

图3-34 基础照明

基础照明只是为了满足空间内的照度需要，不做其他考虑。

图3-35 重点照明

为了突出商品的特征，对局部的商品采用重点照明，突出与其他商品的不同之处。

图3-36 灯带装饰照明

灯带装饰照明具有围合空间的效果，不具有重点照明的功能。

图3-37 吊灯装饰照明

吊灯装饰照明具有空间艺术感，良好的装饰效果为商业空间加分不少，且装饰效果显著。

图3-30	图3-31
图3-32	图3-33
图3-34	图3-35 图3-36 图3-37

最后，商业卖场的地面设计应首先考虑防滑、耐磨和易清洁（图3-30、图3-31）。常用的材料有防滑地砖、大理石、PVC地板等耐磨材料，根据设计需要，马赛克、钢化玻璃、鹅卵石等也是经常用作地面局部装饰点缀的材料。

5. 商业卖场的光环境设计

（1）一般照明设计。商业卖场的一般照明设计应注意把握照明器的匀布性和照明的均匀性，采用均衡分布设计。其次要注意照明的显色性。灯具尽量选用避免眩光的格片或暗藏式灯具，可以根据光照来划分不同的售货区（图3-32、图3-33）。

（2）重点照明设计。商业卖场的重点照明设计应注意重点照明区域的照度要大于其他区域，如展柜、展架局部商品的重点照明设计，应比人行通道的照明要高，显示出商品的与众不同。一般情况下，重点照明与一般照明的照度之比为3：5。考虑商品质感、立体感的表现，特别要考虑照明的显色性。注重灯具、光源的选择，避免眩光的产生（图3-34、图3-35）。

（3）商业卖场的装饰照明设计。商业卖场的装饰照明设计只以装饰为主要目的，不承担基础照明和重点照明的任务（图3-36、图3-37），可以选用有装饰效果的灯具进行装饰照明，也可以设计有装饰效果的光源进行装饰照明。

★ 小贴士

室内照明设计四个要求。

安全性。是指线路、开关、灯具和配电等的设置和选择都需要有可靠的安全措施。

功能性。功能性是指，在不同类型的建筑中的使用功能不一样，它需要按使用者在生理上的需要，来选择不同的灯具和照度。如我们在看书和休息时的照度是不一样的。

艺术性。艺术性是指，用各种不同的照明手法和色彩会产生不同的心理效果。各种形状的显示和立体感、境深及不同的建筑风格都需要通过照明设计来产生不同的效果。

经济性。经济性是指采用先进技术，充分发挥照明设施的实际效果，尽可能以较少的投入获得较大的照明效果，并且保证照明产品全生命周期内的整体经济性。

第二节　酒店空间设计

一、酒店空间设计分类

由于历史的演变、传统的沿袭、地理位置与气候条件的差异，酒店的用途、功能与设施都有不同。世界各地的酒店五花八门，为了比较、研究及更好地经营管理等目的，人们对酒店有一些大致的分类方法。有的是世界各国比较通用的分类法，而有的则仅限于某国家、某地区采用的分类法，下面介绍两种具体的分类方法。

1. 按照传统分类法

（1）商业酒店。主要是为从事企业活动的商业旅游者提供住宿、膳食和商业活动及有关设施的酒店。商业酒店一般位于城市中心。

世界国际酒店集团所属的酒店，商业酒店比例很大，投资者根据市场的需求比例，建造各种类型的酒店。如法国巴黎洲际酒店、美国芝加哥凯悦酒店、泰国曼谷香格里拉酒店、日本东京帝国酒店等都是典型的商业酒店（图3-38～图3-41）。

图3-38 | 图3-39
图3-40 | 图3-41

图3-38 巴黎洲际酒店

商业酒店服务人员的服务态度、语言交际要表现出高度的礼节礼貌，方便各个民族、国家的商业人员舒适居住，交流便利。

图3-39 芝加哥凯悦酒店

商业酒店的服务技术要高超，服务程序要熟练、准确，否则将影响商业旅游者的商业活动、贸易洽谈，同时也损害了酒店的声誉。

图3-40 曼谷香格里拉酒店

商业酒店的最大特点就是回头客较多，因此，酒店的服务项目、服务质量和服务水准要高，要为商业旅游者创造方便条件，酒店的设施要舒适、方便、安全。

图3-41 日本帝国酒店

位居皇宫地区，地上31层，地下4层，是东京最大的饭店之一。

图3-42 国光豪生度假酒店

三亚国光豪生度假酒店是目前国内最大型的滨海五星级度假酒店之一，共有1160套全海景豪华客房及38套顶级别墅。

图3-43 JW万豪酒店

酒店毗邻深圳的各旅游景点、购物、商务地段及重要口岸，地理位置极为便利，拥有装潢现代且设施齐全的商务客房及套房。

图3-42 ｜ 图3-43

（2）度假酒店。主要位于海滨、山城景区附近，远离嘈杂的城市中心，但是交通要方便。度假性酒店除了提供一般酒店所应有的一切服务项目以外，还需要有娱乐项目。因为度假旅客在游览观光中，还要进行社交活动，所以度假性酒店的休闲娱乐设施要完善，如室内保龄球、台球、网球、室内外游泳池、音乐酒吧、咖啡厅、舞厅、水上游艇、碰碰船、电子游戏中心及美容中心、礼品商场都是不可缺少的。此外，"付费点播"电视也是十分重要的。度假酒店不仅要提供舒适的房间，令人眷恋的娱乐活动和康乐设施，同时还要提供热情而快捷的服务。

我国部分沿海城市有众多度假酒店，如北戴河、青岛、大连、三亚等。我国的海南岛被誉为"东方夏威夷""中国马尔代夫"，那里是我国度假性酒店的集中地，也是日本游客、我国港澳同胞最理想的度假场所。如三亚国光豪生度假酒店、金茂深圳JW万豪酒店（图3-42、图3-43）、香蜜湖度假村酒店，珠海的游乐中心以及长江宾馆等，吸引了大批来自各地的游客前去度假和欢度周末。

（3）会议酒店。这种类型的酒店是专门为各种从事商业贸易展览会、科学讲座会的商客提供住宿、膳食和展览厅、会议厅的一种特殊型酒店。会议酒店的设施不仅要舒适、方便，有怡人的客房和提供美味的各类餐厅，同时要有大小规格不等的会议室、谈判间、演讲厅、展览厅等，并且在这些会议室、谈判间里都有良好的隔板装置和隔声设备。

2. 按照星级标准分类

在国际上按照酒店的建筑设备、酒店规模、服务质量、管理水平，逐渐形成了比较统一的等级标准。通行的旅游酒店的等级共分五等，即一星、二星、三星、四星、五星酒店（表3-1）。

表3-1	星级酒店分类标准
星　级	设施项目
★	有适应所在地气候的采暖、制冷设备；16小时供应热水；至少有15间（套）可供出租的客房；客房、卫生间每天要全面整理1次，隔日或应客人要求更换床单、被单及枕套，并做到每客必换；能够用英语提供服务
★★	在上述基础上（下同）还需要有叫醒服务；18小时供应热水；至少有20间（套）可供出租的客房；有可拨通或使用预付费电信卡拨打国际、国内长途的电话；有彩色电视机；每日或应客人要求更换床单、被单及枕套；提供洗衣服务；应客人要求提供送餐服务；4层(含4层)以上的楼房有客用电梯
★★★	需设专职行李员，有专用行李车，18小时为客人提供行李服务；有小件行李存放处；提供信用卡结算服务；至少有30间（套）可供出租的客房；电视频道不少于16个；24小时提供热水、饮用水，免费提供茶叶或咖啡，70%客房有小冰箱；提供留言和叫醒服务；提供衣装湿洗、干洗和熨烫服务；提供擦鞋服务；服务人员有专门的更衣室、公共卫生间、浴室、餐厅、宿舍等设施
★★★★	24小时提供行李服务；总服务台区段有中英文标志，接待人员24小时提供接待、问询和结账服务；24小时接受客房预订；18小时提供外币兑换服务；70%客房的面积（不含卫生间）不小于20㎡；16小时提供加急服务；有送餐菜单和饮料单，24小时提供中西餐送餐服务，有商务中心，提供观光服务，提供代购交通、影剧、参观票务服务
★★★★★	除内部装修豪华外，要求70%客房面积（不含卫生间和走廊）不小于20㎡；至少有40间（套）可供出租的客房；室内满铺高级地毯，或用优质木地板或其他高档材料装饰；每个客房配备微型保险柜；有紧急救助室

根据我国颁布的《旅游酒店星级管理办法规定》，根据硬件设备设施条件，最高划分为五星级。现在许多大酒店因后期设计的更新，其硬件设施已完全用以前的评定方法来界定，比五星的标准还要高，如规定五星级酒店门锁要用IC门锁，而现在许多新型酒店已用指纹、声音来识别。

六星级酒店即是行业类认识认为超过五星级酒店之上的。而七星级酒店，即行业类人士认为即使评六星都还不能够形容其服务、硬件之完善。如迪拜的Burj Al-Arab酒店就是大家公认的七星级酒店，其消费水准、豪华程度无与伦比（图3-44、图3-45）。

图3-44 ｜ 图3-45

图3-44 迪拜的Burj Al-Arab酒店外景

酒店外观是帆船形状的塔型建筑，建在人工湖上，就像即将出海远航的帆船。

图3-45 迪拜的Burj Al-Arab酒店客房环境

最普通的豪华套房都带有窗帘和电灯的开关，办公桌上有笔记本电脑，随时可以上网。

二、酒店空间设计原则

1. 合理布局

合理的功能布局是酒店设计的核心内容。合理的功能布局不仅指酒店整体功能的布局要合理，还包括大堂、客房等单体功能空间的合理布局。国家颁布的《旅游涉外饭店星级的划分及评分》从一星级到五星级酒店，第一条规定都是"布局合理"，足见酒店合理功能布局的重要性（图3-46）。

2. 设计风格

每个酒店都应有自己的独特风格，以适应它所在的国家、城市或地区的人们的需要（图3-47、图3-48）。独特风格不仅要表现在酒店不同类型的市场定位上，还应体现在装修设计风格上。一般来说，度假酒店的整体风格应给人以轻松、亮丽、休闲的感觉。

3. 文化氛围

由于消费者在精神需求上的文化色彩越来越浓厚，因此，设计师在进行酒店空间设计时，应注重酒店文化品位的塑造，酒店的装修品位间接地决定了酒店后期的消费主打路线及经营理念。设计师可以通过不同的空间造型、色彩、材质、灯具、家具、陈设等来表现酒店的文化特色，展现出酒店的特色经营模式，体现出酒店的高尚的情怀和动人的美感。

4. 档次划分

注重不同星级酒店装修设计的高低档划分，酒店所接待的人群面广，那么就需要根据不同人群的消费需求进行价位划分，满足各个消费阶层人群的需求。如选用豪华材料，工艺更加精致，风格种类更突出，设施更完善等，能与酒店本身星级定位相匹配，只有合理地划分酒店装修档次的高低，经营者在后期营销中方能更好地发展（图3-49、图3-50）。

5. 人性化的设计理念

绿色、环保、节能、人性化的设计理念应自始至终渗透在酒店设计的方方面面。

图3-46 酒店空间布置图

图3-47 商务型酒店大堂设计

商务酒店、会议型酒店的风格形式应重点突出其功能性，给人以简约、明快之感。

图3-48 商务型酒店客房设计

在客房设计上，以洽谈、办公、居住为主要功能，整体上应保持造型简单、功能齐全。

图3-46
图3-47 | 图3-48

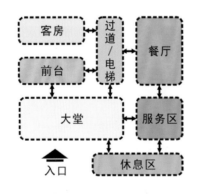

图3-49 三星级酒店

相应级别的酒店，在服务、设施、地理位置上都有所差异，不同星级的酒店满足不同的消费人群。

图3-50 五星级酒店

设计师在进行酒店空间设计时，应根据酒店不同的星级标准进行设计，同时在定位上有所区别，星级越高，装修越高档。

图3-51 酒店大堂

酒店大堂是整个酒店的"脸面"设计，也是消费者进入酒店空间的第一印象。

图3-52 酒店总服务台

酒店总服务台是酒店业务活动开展的枢纽，是消费者需要帮助、服务的总空间。

图3-49	图3-50
图3-51	图3-52

三、大堂空间设计

大堂是星级酒店的中心，是顾客对酒店第一印象的窗口，主要由入口大门区、总服务台、休息区、交通枢纽四部分组成。设施主要有总服务台、大堂经理办公室、休息沙发座、钢琴、酒店业务广告宣传架、报刊架以及卫生设施等。

1. 总服务台

总服务台是大堂活动的焦点，是酒店业务活动的枢纽，应设在进大堂一眼就能看到的地方。总服务台是联系宾馆和酒店的综合性服务机构，主要提供客人订房、入住和离店手续服务，财务结算和兑换外币服务，行李接送服务，问询和留言服务，接待对外租赁业务（如承办展览、会议等），贵重物品保管和行李寄存服务，以及客人需求的其他服务（图3-51、图3-52）。

总服务台的长度与酒店的类型、规模、客源市场有关，一般为8m～12m，大型酒店可以达到16m。在设计要点上，总服务台设计时应考虑在两端留活动出入口，便于前台人员随时为客人提供个性化的服务。

2. 总台办公室、贵重物品保险室

总台办公室一般设在总服务台后面和侧面。贵重物品保险室也应与总服务台相邻，主要负责客人的贵重物品保管，客人和工作人员分走两个入口。

3. 大堂经理办公室

大堂经理的主要职责是处理前厅的各种业务，其办公室应设在可以看到大门、总服务台和客用电梯厅的地方。

4. 商场、购物中心

一般酒店的商场主要出售旅行日常用品、旅游纪念品、当地特产、工艺品等商品。四星级、五星级的酒店为了提升自己的品位和档次，专门经营高档品牌服饰、箱包、鞋帽或其他高档商品，以满足客人需求（图3-53）。

5. 商务中心

商务中心主要为客人提供传真、复印、打字、国际直通电话等商务服务,有的酒店还增设有订飞机票、火车票的功能。商务中心一般应配置电脑、打印机、复印机、沙发等设施(图3-54)。

6. 休息区

大堂休息区的位置最好设在总服务台附近,并能向大堂或者其他经营点延伸,既方便客人等候,也能起到引导客人消费的作用。除此之外,其设计还应考虑以下几点(图3-55)。

(1)有满足休息时间长短、性质不同要求的三大系统(休息、卫生、购买)设施(图3-56)。

(2)能够排除对休息有干扰的因素。如在休息区的划分上,避免人流穿越;在隔声的处理上,排除噪声的干扰;在休息设施的排列组织上,避免休息者彼此间的影响。

(3)调动一切因素,创造一个便于休息、社交的空间环境,极大限度地满足人们的精神需求。

7. 行李间

行李间主要用来存放退出客房、准备离去但尚未办好手续的旅客们的行李。观光型酒店旅行团行李较集中,行李间面积可适当大些。

8. 公共卫生间

公共卫生间应设在大堂附近,既要隐蔽又要便于识别找寻。卫生间的面积、厕所小间尺寸、洁具布置等设计应符合人体工程学原理。洗手台盆和男厕小便斗定位的标准为:中距尺寸以700mm为宜,厕所小间的标准尺寸为1200mm×900mm,卫生间的门即使开着也不能直视厕位。

四、客房空间设计

客房是宾馆、酒店提供住宿和休息的主要场所,是宾馆、酒店的主体部分,也是旅游者旅途中的"家"。无论从客人的角度还是从酒店方的角度来说,客房都是最重要的地方,具有系统性、功能性、标准性和艺术性的特点。其设计的好坏,会直接影响到酒店收益的主要来源。

宾馆客房应该有吸引人且像家庭一样的气氛，以保证每位宾客在逗留期间都能感觉到亲切、舒适。酒店、宾馆的客房房型一般分普通标准间、商务套间、高级标准间和高级套间。五星级的酒店为了提升档次，还设有总统套房。不同规模和不同档次的酒店、宾馆的房型，根据实际需求和经营效率而设计。

1. 功能与设计要求

客房具有睡眠、起居、阅读、书写、储蓄、沐浴等功能。不同房型在空间划分中存在着不同的布局方式。标准间按功能一般分通道、卫生间、桌、床位、休闲座椅5个区域，客房走道宽度一般为500～800cm，其中家具占客房面积的18%～20%；相对高级的房型，各区域所占室内面积相对较小。为了满足不同客人的需要，很多酒店还设有5%～8%左右的连通房，即两个普通标准间之间设有可以相通的门，并根据客人的需要来使用（图3-57）。为了满足商务客人的需求，很多星级酒店设有商务套间。商务套间布局的主要特点是会客间兼工作间，除住宿外，还能满足客人办公的需要（图3-58）。

高级客房在家具尺度、人流通道、装饰用材和功能设施等方面的要求都高于普通客房。以床为例，普通客房的床位尺寸一般是1200mm×2000mm、1500mm×2000mm的规格，而高级套房的床位尺寸一般为1800mm×2000mm、2000mm×2000mm等规格。以洁具为例，普通客房只有一般浴缸或淋浴房，而高级套房则有冲浪按摩浴缸或带有按摩功能的淋浴房（图3-59）。豪华套房在一般套间设施的基础上，有的另加设有餐厅、厨房、会客厅、小酒吧台、书房兼工作间，以及随从客房等（图3-60）。

很多五星级以上的酒店有总统套房。总统套房在平面布局、功能设施和装饰造价上都是各客房档次的顶级。总统套房的基本房型分布有起居室（分主卧室、随从室），并兼设有多种形式的卫生间。家具、地毯、灯具、灯饰和置景造型均为能工巧匠精雕细刻的高档工艺的精品，其豪华或古朴堪称"极品"。超大型的总统套房的功能设施更是应有尽有。

图3-57 酒店连通房

可单独作为两个标准间使用，也可作为套间经营，这种房间的使用率较高。

图3-58 酒店商务套间

商务套间具备了住宿与办公双重需要，客人可以将酒店作为临时办公场所。

图3-59 高级套房浴室

高级套房浴室安装有按摩功能的浴缸与淋浴间，在浴室面积上要高于普通客房，且配套设施更加完善。

图3-60 豪华套房

豪华套房在基础设施上，还可以做饭、泡吧、办公、会客，相当于将家用空间搬到了酒店空间中。

图3-57	图3-58
图3-59	图3-60

图3-61 客房组合床家具

一般组合型家具属于拼装家具，家具既可以拆分使用，或者由不同的单品组成，款式与色彩不统一。

图3-62 客房定制家具

在设计要点上，家具取材和漆色宜与门套、门扇及各种木线配置谐调，并把握客房整体装饰风格的统一。

图3-63 带浴缸卫生间设计

高端酒店客房会配置浴缸，相对于一般客房浴室，浴室内的各种设施齐全，且浴室的面积更大。

图3-64 带淋浴间卫生间设计

一般酒店客房都带有淋浴设计，这是酒店客房的基本配置，而区分酒店档次主要看浴室的配置材质。

图3-61 | 图3-62
图3-63 | 图3-64

2. 客房家具设计

家具选材与造型是酒店、宾馆客房功能设计的最基本内容。按通常标准，家具尺度一般大同小异，但取材造型的样式则种类繁多。设计的基本标准首先取决于客房面积和投资造价，其次是家居风格与整体空间的装饰谐调。标准客房的家具一般有梳妆台（兼写字台）、电视柜、床头柜、行李柜、酒柜、高背椅、圈椅（沙发）、茶几等（图3-61、图3-62）。

3. 卫生间设计

卫生间的设计和设备的选配是客房档次的标准，其界面饰材和洁具规格，尤其是洗面台的造型和整体色彩的配置是设计的重点（图3-63、图3-64）。

卫生间设施配置一般包括面盆、坐便器、淋浴房（或浴缸）三种，或面盆、坐便器、妇洁器、淋浴房（或浴缸）四种，高档一点的还配置有按摩冲浪式浴缸、桑拿房等。其他设施还有淋浴喷头、梳妆台、防雾镜、卫生纸盒、存物架、毛巾架、化妆镜、吹风、晾衣绳等。在设计要点上，卫生间的设计要求安全、防潮、防滑、易清洁，其地面应低于客房地面20mm。

4. 客房装饰用材与用色设计

客房作为休息场所，材质选择与色彩色调的处理是以营造宁静、温馨、舒适的个体空间环境为宗旨。客房装饰的主要材料有墙纸或乳胶漆、地毯、床罩、窗帘及门扇门套、踢脚线、阴角线、窗套台板等，把握好恰当的对比和谐调关系是客房选材与配色的设计基准（图3-65、图3-66）。在设计要点上，主要是客厅装饰木质材料应与家具谐调一致，墙纸以明亮色为宜，窗帘、地毯和床罩的花色纹饰及图案应谐调一致，客房走道应尽量选用耐脏、耐用的地毯或防水、耐脏的石材。

5. 个性化和创新型设计

客房的个性化设计与装修、装饰会对客人产生深远的影响，也是客人选择再次入住的重要因素（图3-67、图3-68）。国内的很多酒店从建筑构造上都惯用一套固定的标准客房型模式。因此，如何在满足功能需求之外进行客房的创新设计，是设计师所追求的目标。在设计上，把同类型的客房装饰成不同的样式，是个性化设计的体现。

五、中庭空间设计

很多酒店都有中庭空间（或叫内庭空间、共享空间），中庭空间多以室外绿化景观为主题，把室外景色引入室内，展示生态、绿色的景象（图3-69）。

1. 中庭的特点

现代建筑吸取中国传统内庭的优点，并根据现代生活的需要而予以发展，形成了现代的中庭空间，也称为中庭共享空间。中庭共享空间是综合了多种空间形式的巨大复合空间，它的特点表现为以下几点。

（1）运用各种空间形式。不同的空间形式具有不同的性格和气氛，如严整的几何空间形式给人以端庄、平稳、肃穆的气氛（图3-70）。

图3-65	图3-66
图3-67	图3-68
图3-69	图3-70

图3-65 棕褐色客房装饰配色

客房装饰材料的选用、颜色的搭配、家具的配置都要以客人感到舒适、温馨和方便，安全为准。

图3-66 棕红色客房装饰配色

一般情况下，酒店客房会选择一个系列的设计风格与色彩，形成一个主题，不同主题的客房装饰不同，风格与配色也不相同。

图3-67 客房个性化设计

采用具有个性化的家具与装饰色彩，在视觉上营造出一种时尚、前卫的设计理念，令消费者感到新奇。

图3-68 客房创新型设计

在原有的客房设计基础上，加入新型的设计理念，改变原有的设计布局形式，展现出酒店客房的不同之处，如全透明的浴室，以及3D壁纸等装饰物。

图3-69 中庭空间设计

咖啡厅等常与中庭连为一体，并用绿色植物和其他陈设来划分空间。

图3-70 几何中庭空间

不规则的空间形式给人随意、自然流畅的感觉。在设计中庭空间时，应该运用各种空间形式来影响人、感染人。

（2）大中有小，小中有大。中庭空间应该是大空间和小空间的复合体（图3-71）。

（3）水平与垂直空间的复合体。人们在这里可以以静观动，以动观静（图3-72）。

（4）不定空间。它将室外和自然景色引入室内，可以说它既是室内也是室外，非常适合民宿酒店（图3-73）。

（5）流通空间。因为它与周围的空间互相流通、渗透、穿插和连续，把周围空间联系在一起（图3-74）。

2. 设计要点

（1）要有满足功能需要的设施。一般的休息设施有沙发、茶几、桌子、椅子等；卫生设施有垃圾箱、卫生间等；商品小卖店设施有自动售货机、移动店铺或固定小卖部等。

（2）创造出吸引人的空间景观环境。依靠有特色的环境变化和不同于日常所见的空间景象创造景观环境，如室内外借造结合，创造景观环境；自然与人工相结合，创造景观环境。

（3）共性与个性，宏伟与亲切相结合。作为社会的人，都有其共性的一面。但同时也要满足个人活动需要的私密感，在中庭中能找到适合于自己的空间环境，以满足个性的需要。因此，在中庭中可布置多种休息空间。这样，中庭这个大空间里又包含着小空间，从而使人感到既宏伟又亲切。

（4）空间与时间的变化，静中有动。完全静止的空间没有生气，而过于凌乱的空间又会使人感到烦躁。因此可以巧妙地通过一系列空间来组织人流，使人既成为空间的动态因素，又是感受动态的主体，形成"人看人"的生动空间。

总之，好的中庭环境设计，能够运用各种处理手段，以巨大的吸引力把人们集合到一处，把本来沉闷的空间变得流畅和活跃，为宾馆酒店的室内环境增添了丰富多彩的乐趣。酒店是一个系统化的设计项目，除了提供住宿、就餐等基本服务外，还要娱乐、健身等其他综合服务项目，在设计时应统筹考虑。

六、酒店空间设计的光环境

酒店的照明设计除了满足功能性的照明外，其艺术性的表现作用对宾馆、酒店的环境氛围的提升具有非常重要的意义（图3-75～图3-78）。

大堂是酒店的核心，照明设计的好坏会直接影响大堂的效果。一般情况下，大堂天花整体照明布光应均匀、明亮，选择照面方式一定要满足总台接待区、休息区、交通空间等不同功能空间的需要，并考虑其局部的照明因素以补充一般照明（整体照明）的不足。但在不破坏整体效果的情况下，适当的点光源和玻璃、不锈钢等材质的反射光的出现可以增添大堂的豪华气氛。

总台是大堂的视觉焦点，在照度设计上应高于大堂的一般照明。设计时，一要便于书写及阅读相关材料；二要突出其显眼的位置，便于为客人服务。

电梯间的照明也是非常重要的一部分，一是应该考虑足够的照度，二是要考虑光线的层次及灯具的选择。通常会用两种灯具以上的照明方式进行照明。走廊、楼梯间如果没有窗户，一般采用全天候照明，主要是满足客人行走和应急疏散的视觉需要，照度150lx（照度单位勒克斯，即每单位面积所接受的光通量）就可以了，通常将筒灯、暗藏灯槽、壁灯等照明方式结合使用。

对于各种灯具的选择，首先要注意灯具造型风格的统一，其次还要考虑与客房整体设计风格的谐调。客房各种灯具和开关插座的安装高度及位置应符合星级酒店规范要求，如开关应安装在离地面1.40m的高度，地面插座安装在离地面0.3m的高度。客房走道的灯光即不可太明亮，也不能昏暗，要柔和且没有眩光。可直接安装筒灯照明，也可以考虑采用壁光或墙边光反射照明，还可用顶灯、壁灯结合照明。总之，要为客人营造出一种安静、安全的气氛。

图3-75 | 图3-76
图3-77 | 图3-78

图3-75 酒店大堂照明

在照明方式的选用上应注意避免眩光的产生。客人等候区的照明应强调气氛和私密性，光线应柔和，可以利用台灯、落地灯进行气氛的渲染和区域的相对划分，并增加光照的层次感。

图3-76 酒店中庭空间照明

酒店中庭照明的色温应与入口处相同，这样整体性更强，给人的第一视觉印象更好。

图3-77 酒店客房照明设计

客房照明的功能设置较多，有小走廊照明的顶灯、床头照明的床头灯、写字桌上的台灯、梳妆桌上方的镜前灯、休息桌旁的落地灯、酒柜安装的筒灯（或射灯）、衣柜灯、小走廊处或控制柜安装的夜灯。

图3-78 酒店休闲空间照明设计

酒店休闲空间主要以娱乐为主，因此，在灯光设计上，以温馨舒适，适宜的亮度即可，光线不能过于明亮或昏暗，灯光柔和无眩光最好。

七、酒店空间分类表（表3-2）

表3-2   酒店基本功能空间分类

功能分区	内　　容	图例
睡眠空间	酒店客房的第一功能就是睡眠，因此，保障消费者的睡眠质量是酒店服务的第一要求	
起居空间	这是酒店套房的标配，一间作为卧室，另一间作为起居室，可以是接待亲朋好友的空间，也是自己的休闲娱乐空间	
书写空间	每间客房内都配有一定数量的文化用品，如信纸、信封、明信片、城市地图、酒店指南等，这也是商务型酒店的标配	
健身空间	较高档次的酒店，会配置健身房，入住者可以免费使用健身房里的各项器材与设备	
洗浴空间	每间客房内还配有一定数量的卫生用品，如牙刷、牙膏、肥皂、洗发水、润发露或护发素、浴帽、擦鞋器、纸巾等	
储存空间	对于长期居住在酒店中人群来说，客房里设计小型储物柜，能够起到良好的收纳功能，让居住者感到舒适	

第三节　餐饮空间设计

一、餐厅空间设计概述

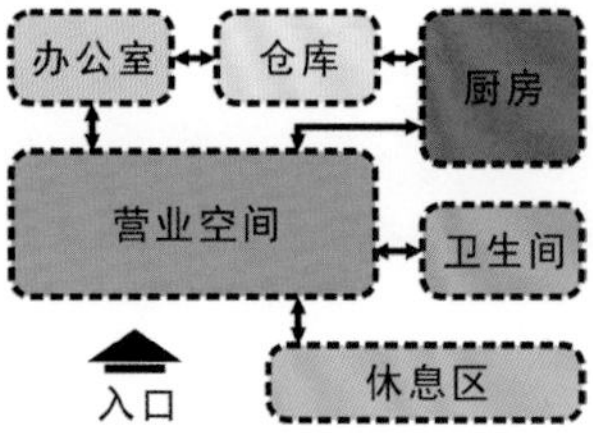

图3-79 餐饮空间布置图

  餐厅空间主要是指中餐厅、西餐厅、自助餐厅、风味餐厅、宴会厅、咖啡厅、酒吧、茶馆、冷饮店等提供用餐、饮品等服务的餐厅场所的总称。餐厅空间不仅仅是人们享受美味佳肴的场所，还是人际交往和商贸洽谈的地方。就餐环境的优劣直接影响消费者的消费心理。一般情况下，按用餐对象、就餐目的的差异，顾客选择的餐厅空间也有所区别。总体来说，营造符合人们消费观念且环境幽雅的餐饮空间环境，是设计首先要考虑的问题（图3-79）。

图3-80 新中式风格餐厅

新中式风格餐厅非常讲究空间的层次感，特点是总体布局对称均衡，端正稳健，而在装饰细节上崇尚自然情趣，花鸟、鱼虫等精雕细琢，富于变化。

图3-81 现代风格餐厅

现代风格是比较流行的一种风格，追求时尚与潮流，风格具有简洁造型、无过多的装饰、推崇科学合理的构造工艺，重视发挥材料的性能的特点。

图3-80 | 图3-81

餐厅按功能划分，通常分为客用空间、管理用空间、调理用空间。客用空间主要包括散席区、包房区、宴会厅等，以及附带的洗手间、等候区、衣帽间、收银区等，是服务大众、便利其用餐的空间；管理用空间主要包括管理办公室、服务人员休息室、更衣室、员工厕所、各类仓库等；调理用空间主要包括冷菜间、点心室、洗涤区、烹调区、冷冻库、出菜间、配餐间等。

二、餐饮空间的设计构思

餐饮业是竞争十分激烈的行业，餐饮店须特色化、个性化，才能更好生存。而要做到这一点，不仅经营内容要有独特风味的美食，餐饮店空间设计本身也必须要有新意，与众不同，环境氛围应舒适雅致，具有浓郁的文化气氛，让人不仅享受到厨艺之精美，也能领略到饮食文化的情趣，方能宾客盈门。

因此，餐饮空间设计的设计构思与创意对餐饮店的成败，具有举足轻重的作用，力求构思巧妙，创意不落俗套，这是成功之本。

在设计要点上，就餐环境直接影响顾客的消费心理，并起到体现服务档次、质量的效果。因此，充分合理地利用空间，营造舒适幽静的环境，吸引顾客，使其进行消费，是设计的出发点和根本目的（图3-80、图3-81）。

设计师在构思方案前，需要找到基本问题的答案，那么就需要开展设计前的考察调研，以便获取重要数据资料，如表3-3所示。

表3-3 考察调研问题表

序号	基 本 问 题
1	哪个空间需要客户、参观者或客人？
2	消费者的需要是什么？
3	投资者、开发商、雇主，消费者的目的是什么？
4	餐馆的食谱与方案设计有怎样的联系？
5	即将开始的方案的地理方位、社会地位角色是什么？
6	投资者想通过设计传达哪种信息？

三、餐饮空间设计原则

（1）餐厅的面积一般以1.85m²/座计算。

（2）厨房和餐厅分布合理，平面布置应先考虑厨房和仓库。

（3）顾客就餐活动路线和供应路线应避免交叉，送饭菜和收碗碟出入也宜分开（图3-82、图3-83）。

（4）中、西餐式或不同地区的餐室应有相应的装饰风格（图3-84、图3-85）。

（5）应有足够的绿化布置空间，尽可能利用绿化分隔空间，空间大小应多样化，并有利于保持不同餐区、餐位之间的不受干扰和私密性（图3-86、图3-87）。

（6）选择耐污、耐磨、防滑和易于清洁的装饰材料。

（7）室内空间尺度适宜，通风顺畅，采光充分，吸声良好，阻燃达标，疏散通道畅通，标示明确，符合国家消防法规规定的要求。

（8）室内色彩应明净，照度应根据空间性质适宜配置。

在设计要点上，餐厅内部设计由其面积决定，那么对空间做最有效的利用尤为重要。遵循平面布局规划原则，使布局更为合理，使空间更加完善。

图3-82 餐厅主通道

餐厅主通道一般需达到1500mm以上，这样，即使两边的消费者与服务人员都在通道内也可以走动起来。

图3-83 餐厅次通道

餐厅次通道宽度需达到900mm左右，服务人员方便上餐，消费者走动也不会局促。

图3-84 中式餐厅

中式风格餐厅带有古色古香的韵味，山水字画与中式吊灯，无不展示出中式风格气息，十分优雅别致。

图3-85 西式餐厅

西式餐厅注重营造空间氛围，装饰物件精致美观，处处透露出高贵、优雅。

图3-86 座席区绿化

在餐桌周围设计绿化，一是可以美化空间，装点空间；二是可以起到一定的分隔作用。

图3-87 主题墙绿化

绿化墙设计是商业空间里的一道风景线，它可将室外景观搬进室内，促进空间的多元化设计。

图3-82	图3-83
图3-84	图3-85
图3-86	图3-87

图3-88 自助餐厅

自助餐厅由于经营特征，消费者具有极大的自主选择性，因此，需要更大的通行空间与座位。

图3-89 西餐厅

西餐厅设计讲究氛围，因此，通常只设计两人座与四人座，空间环境十分优雅，服务良好。

图3-88 ｜ 图3-89

★ 补充要点

餐厅空间设计的制约因素

1. 不同类型的餐饮空间，设计风格有很大的差异性。各种不同类型的餐饮空间，有着不同的功能要求、设计定位、主题选择等，设计风格不可千篇一律，要有灵活变化（图3-88、图3-89）。

2. 投资经费的多少，直接影响档次的定位。投资条件对餐饮空间设计的限制比较明显，资金充裕的设计可以选用高档的材料，并细分空间的功能和增加优良的设施，这些都可以提高空间的舒适水平。

3. 要考虑不同的地域位置及消费群体。特有的地域景观、民俗风情、文化内涵、个性特征等，对于设计的影响很大，反映不同地域的物质特征，或者满足不同人群的精神需求，都是设计需要关注的问题。

4. 要考虑餐饮空间建筑结构对设计的影响。实体空间的三维构成，尤其是特殊的结构构件以及结构形式，往往对餐饮空间的设计产生重要影响，大多表现在对使用者行为心理的影响方面。

四、餐厅空间设计与人的行为心理

1. 边界效应与个人空间

人在公共空间中有着普遍的自我保护和保持私密性的心理感受。环境心理学对人与边界效应的研究表明：人们倾向于在环境中的细微之处寻找支持物。因此，在进行空间设计的时候必须要考虑到使用者的心理需求。

首先，人喜欢观察空间、观察人，人有交往的心理需求，而在边界逗留为人纵观全局、浏览整个场景提供了良好的视野。其次，人在需要交往的同时，又需要有自己的个人空间领域，这个领域不希望被侵犯，而边界使个人空间领域有了庇护感。最后，人在交往的同时，需要与他人保持一定距离，即人际距离。

2. 餐桌布置与人的行为心理

在餐饮空间设计中，划分空间时应以垂直实体尽量围合出有边界的餐饮空间，使每个餐桌至少有一侧能依托于某个垂直实体，如窗、墙、隔断、靠背、花池、绿化、水体、栏杆、灯柱等，尽量减少四面临空的餐桌。餐桌布置既要有利于人的交往，又需与他人保持适当的距离（图3-90、图3-91）。

图3-90	图3-91
图3-92	图3-93
图3-94	图3-95

五、餐饮空间设计的基本要求

1. 餐饮空间光环境设计

餐饮空间光环境设计，主要包括自然光环境和人工光环境。其中，人工光环境按类型可分为间接照明、直接照明，投射的方式分为一般照明、局部照明、混合照明、装饰点缀照明（图3-92~图3-95）。餐厅空间光的合适运用体现在灯具的选择、光的柔弱（餐桌上的光照300~750lx）、光源的位置、光的角度。

2. 入口空间设计

入口空间包括入口门、入口门前的空间和门厅部分。入口空间起招揽顾客、引导人流的作用，需要有强烈的识别性和引导性。

入口空间的设计手法：将入口空间作为交通枢纽；将入口空间作为视觉重点；将入口作为酝酿情绪的空间或停留空间；将入口空间的功能扩大化（图3-96、图3-97）。

3. 卫生间设计

卫生间的平面布局首先要考虑的是，卫生间门要隐蔽，不能面对餐厅或厨房；其次要有一条常用的公共走道与其连接，以引导顾客方便找到。卫生间的位置不能与备餐出口离得太近，以免与主要服务路线成交叉。面积大的餐厅要考虑用厕距离和经由路线，多层应考虑分层设置卫生间。顾客用卫生间与工作人员卫生间应尽可能分开。

卫生间设计注意要点：卫生间必须设计前室，通过墙或隔断将外面人的视线遮挡。注意卫生间镜子的折射角度问题，不能折射到出入的门或外部。卫生间属于公共空间，卫生保洁很重要。使用明窗或用机械通风保证卫生间的通风，同时需设地漏，墙、地、洗面台都要用防水材料（图3-98、图3-99）。

4. 厨房设计要点

（1）平面设计要点。合理布置生产流线，要求主食、副食两个加工流线明确分开，从初加工到热加工再到备餐的流线要短捷畅通，避免迂回倒流，这是厨房平面布局的主流线，其余部分都从属于这一流线而布置。原材料供应路线接近主食与副食的初加工间，远离成品，并应有方便的进货入口。注意洁污分流，对原料与成品，生食与熟食，要分隔加工和存放。冷荤食品应单独设置带有前室的拼配间，前室中应配有洗手盆。垂直运输生食和熟食的食梯应分别设置，不得合用。加工中产生的废弃物要便于清理运走。工作人员需先更衣再进入各加工间，所以更衣室、洗手、浴厕间等应在厨房工作人员入口附近设置。厨师、服务员的出入口应与客人入口分开，并设在客人看不到的位置。服务员不应直接进入加工间端取食物，应通过备餐间传递食物。

（2）厨房布局形式。一般可以分为封闭式、半封闭式、开放式（图3-100～图3-102）。开放式是将烹饪过程完全显露在顾客面前，现制现吃，气氛亲切。西式餐厅或具有特殊经营方式的餐厅多采用此形式。

	图3-96	图3-97
	图3-98	图3-99
图3-100	图3-101	图3-102

图3-103 固定4人桌

固定式桌椅属于不可移动的家具，就座方式已经固定，不能随意改变家具的形态。

图3-104 活动2人桌

桌椅可以移动，当人数较多时，可以直接采用拼桌的形式，扩大就餐空间，这种组合方式的操作灵活性强。

图3-105 可组合4人桌

可以两个或多个餐桌拼在一起，容纳更多人就餐，这种形式一般适合团队就餐。

图3-106 圆桌

相对于方桌，圆桌可以减缓消费者的行走速度，让其自然慢下来去挑选食物，避免消费者在空间内快速行走。

图3-103	图3-104
图3-105	图3-106

（3）热加工间的通风与排风。热加工间应争取双面开侧窗，以形成穿堂风。闷热潮湿的环境，既对从业人员的工作条件产生不利影响，也不利于食品的保存、制作、搬运等工作，良好的通风和采光是工作效率和效果的必要保证。热加工间要设天窗排气，利用热蒸汽向上升腾的原理，开设通风口，利用自然风压或人工抽引，使工作区域产生空气流动，有利于及时排除潮湿气体。同时还要设拔气道或机械排风，在没有条件开设大面积直接外窗口的条件下，可以设置人工排风设施，保障基本工作条件。将烤烙间与蒸饭间单独分隔。持续或集中产生大量热量和蒸汽的工作区域，应该单独设置，避免对其他流程产生干扰。

（4）地面排水。为明沟排水，地面要有5‰～1‰的坡度，坡向明沟。厨房处污水出口处应设有"除油井"。

5. 餐厅的家具布置

餐厅的就餐人数应多样化，如2人桌、4人桌、6人桌、8人桌等。餐桌布置应考虑布桌的形式美和中西方的不同习惯，如中餐常按桌位多少采取品字形、梅花形、方形、菱形、六角形等形式，西餐常采取长方形、"T"形、"U"形、"E"形、"口"字形、课堂形等。自助餐的食品台，常采用"V"形、"S"形、"C"形和椭圆形（图3-103～图3-106）。

餐桌和通道的布置数据参考如表3-4所示。

表3-4　　　　　　　　　　　　　　　　餐厅餐桌与通道的设计数据

项目名称	规格	特点	图例
服务走道	900mm	服务走道一般分为主通道与次通道，主通道尺寸要宽于次通道	

项目名称	规格	特点	图例
桌子最小宽度	600mm	餐厅最小餐桌宽度为600mm，也就是标准600mm×600mm的两人方桌，适合一个人或两个人就餐	
4人方桌	900mm×900mm	900mm×900mm是标准的四人方桌，四人各执一方，宽度与大小刚好适合	
4人用长方桌	1200mm×750mm	适合两人并排而坐，因此，在尺寸上比四人方桌要宽一些	
6人用长方桌	1500mm×750mm、1800mm×750mm	适合6人就座，分别为2+2+1+1的组合形式，且桌椅不靠墙布置	
8人用长方桌	2300mm×750mm	8人用长方桌一般适用于西式餐厅中，可以一次性接待更多人，由于西餐都是单独就餐，不存在距离远近问题	
圆桌最小直径	φ850、φ1050、φ1200、φ1500	相对于方桌，同样面积的餐厅，方桌看起来比圆桌更拥挤，圆桌看上去空间更宽阔	
酒吧吧凳高	750mm	吧凳高度与吧台高度有关，一般以人体平均身高来计算，设计出符合消费者习惯的家具	
吧台高	1050mm	吧台高度为1050mm时，可以清楚看见调酒师在吧台内的工作情况；当高度增加时，吧台外的视野变小	

第四节　娱乐空间设计

一、娱乐空间概述

娱乐是与工作相对的概念，娱乐空间就是人们工作之余的休闲场所，是人们聚会、用餐、欣赏表演、松弛身心和情感交流的场所。尽管从古至今娱乐的内容始终以餐饮、观赏表演、自娱为中心，但包容它们的场所——娱乐空间在形式上却随着时代的变迁而不断改变着自己的形象。从古代的篝火围坐到现代的酒吧、健身房、娱乐会所等。时代的进步、文明的发展，以及生活质量的提高，促使人们不断追求更新的生活方式和娱乐形式。

设计文化是人类文化最典型、最集中的体现，如何通过环境设计语言来诠译人们对生活的理解，是设计中要解决的核心问题。

二、娱乐空间设计类型

娱乐空间按空间位置为主，可分为内部娱乐空间和外部娱乐空间。

1. 内部娱乐空间

（1）休闲型空间。休闲型空间如酒吧（图3-107）、夜总会、KTV（图3-108）等，消费群体大多为商务人士和亲朋聚会等。在设计上大多利用色彩、灯光、造型把空间设计得亮丽动人，特别要突出浓厚的"娱乐场所味儿"。

（2）运动型空间。运动型空间如旅游馆、保龄球、台球室（图3-109）、健身房（图3-110）等。大多适合于年轻群体和热衷于体育锻炼的群体。运动型休闲空间是近年来我国城市发展很快的一种空间类型，这与人们的文化需求多样化和追求更高的生活品质密切相关。

图3-107 ｜ 图3-108
图3-109 ｜ 图3-110

图3-107 酒吧
酒吧是指提供啤酒、葡萄酒、洋酒、鸡尾酒等酒精类饮料的消费场所。

图3-108 KTV
KTV是提供卡拉ok影音设备与视唱空间的场所，是小型聚会的选择之一。

图3-109 桌球室
桌球室是打台球的专门的房间，场地要求地面平坦、干净、明亮及通风条件良好，否则有损健康，照明灯要求避免散射，避免刺眼。

图3-110 健身房
健身房是指用来健身康复和锻炼活动的场所，一般都有齐全的器械设备、健身娱乐项目，有专业教练进行指导。

图3-111 游乐场

游乐场是指让儿童、市民自由自在玩耍的地方。通常会有跷跷板、旋转木马、秋千、滑梯、吊秋千、吊环等设施。

图3-112 海滨游泳浴场

海滨游泳浴场不仅满足消费者的游玩需求，还有很多风味美食，能满足喜爱美食者的需求。

图3-113 夜总会包间效果图

夜总会在设计时，以奢华气派为设计理念，打造出高档的娱乐场所，因此，在效果图上需要表现出来。

图3-114 夜总会包间实景图

夜总会的装修风格与效果图类似，只是在局部细节做了调整，让娱乐空间更符合人们的消费习惯。

图3-111	图3-112
图3-113	图3-114

2. 外部娱乐空间

主题公园、游乐场（图3-111）、海滨游泳浴场（图3-112）等都属于外部娱乐空间。亚里士多德说："人们来到城市是为了生活，人们居住在城市是为了生活得更好。"城市除了给居民提供工作的便利之外，还要满足人亲近自然、从事休闲娱乐活动的愿望，以主题公园、游乐场、海滨游泳浴场等为代表的城市外部娱乐空间，在很大程度上决定了居民的休闲模式和内容，直接影响到人们休闲生活的质量，对于满足城市居民的日常娱乐活动需求具有十分重要的意义。

三、娱乐空间分类

娱乐项目由很多不同类型模式组成，娱乐业从最早期的歌舞厅、夜总会式歌剧院、迪斯科、综合性酒吧，到今天的夜总会、量贩KTV、娱乐会所、慢摇吧等，经历了一个漫长的发展过程。特别是在娱乐业不断成熟的今天，娱乐模式及消费群体的细分更加明显及专业化，所以在项目策划的时候首先必须要明确方向，确定娱乐的模式及不同的消费群体。因为它的功能、装饰风格、服务方式、经营理念都有着明显的区别，而前期的策划设计与以后的经营服务是分不开的，所以清楚地认识不同娱乐模式及区别不同的消费群体有利于整个项目的总体策划。

1. 夜总会

夜总会常被人们形容为纸醉金迷，其娱乐模式为唱歌、跳舞、饮酒等。在这种模式下既要照顾娱乐空间的二人世界，也要考虑到集体共乐的公共气氛（图3-113、图3-114）。消费者的消费大都有"千金散尽还复来"之感，豪华高档的装饰硬件和体贴入微的服务是该空间的主要特征。

图3-115 娱乐会所洗浴空间

在设计时要满足基本的洗浴要求，需要设计有坐凳、洗浴池、淋浴间、更衣室、卫生间等功能空间。

图3-116 娱乐会所会客空间

除了基本的洗浴功能，还需要有餐厅、会友、洽谈等空间，集休闲与娱乐性一体的洗浴空间。

图3-117 慢摇吧空间设计

根据人的娱乐心理需求设计出一套以音乐、灯光加美酒的模式，让人们逐渐达到亢奋的状态。开始时用较为明亮的灯光、节奏较慢的音乐，让人们心情放松，聊天饮酒，然后随着时间的推移，音乐节奏逐步加强，灯光逐步调暗，加上DJ及领舞者的鼓动，使人逐步达到兴奋的状态，然后随音乐起舞。

图3-115 | 图3-116
图3-117

2. 娱乐会所

娱乐会所除了常见的娱乐模式外，主要特征是更具有私密性。以接待为主，使顾客有一个典型、安全、舒适的娱乐环境，体现出顾客的尊贵身份。消费的群体，非富则贵，追求高档、幽雅的环境，希望得到无微不至的服务（图3-115、图3-116）。

3. 迪斯科

劲歌热舞、激情四溢是迪斯科的写照；音响强劲、集体共舞、狂欢豪饮是迪斯科的娱乐模式。以舞池为中心。DJ及领舞为主持，带动全场气氛，让人们公共创造出热烈的氛围。消费的群体，大多数以年轻人为主，消费者主要是为了感受热烈气氛及抒发内心情感，以高度的兴奋刺激来消除精神上的疲劳，但消费者的消费能力有限，所以对场所的装饰更重视灯光和音响的效果。

4. 慢摇吧

"慢摇吧"是一种全新理念的酒吧，它有效地将潮流音乐与酒吧文化融为一体。在一些经营成功的慢摇吧，可看到千姿百态的舞姿。慢摇吧之所以会流行，原因之一是其音乐前卫而反叛，风格迎合当地音乐文化及现代人的心理，而且时尚、刺激、有情调、气氛好（图3-117）。

（1）消费的群体。通常到慢摇吧消费的客人主要是时尚的白领阶层、潮流追随者，消费者都带着晚归的心态，在热闹的气氛中放松心情。

（2）慢摇吧区域划分。一般可分为酒吧区域与跳舞区域。酒吧区域是一个静中有"动"的区域，此区域应让客人坐着喝酒听音乐是一种享受，此区域对声音要求是耐听（不燥、不烦、不闷），音乐节奏及声压能吸引喝酒的客人有跳舞的冲动。跳舞区域是让进入舞区的客人具有听觉与触觉享受，主扩声集中在这个区域，因此这个区域的声音要求能完全满足慢摇风格，并接近DISCO需求。电子类的HOUSE音乐扩声后的声音效果应浑厚、弹性十足，节奏强烈、层次分明。在经营的某种特殊要求下，可以将扩声转变成DISCO风格，将低频频点及声压改变，使声音达到凶猛、硬朗及力度十足的DISCO风格要求。

5. 演绎吧

在酒吧中兼带有两三人的小型表演，听歌、饮酒、娱乐可同时进行，这类酒吧称之为演绎吧。消费者主要以朋友聚会饮酒、情侣约会为主。

6. KTV

以唱歌为主的娱乐空间（图3-118、图3-119），消费客源以白领工薪族、家庭、同学聚会或生日聚会为主，装饰讲究干净、实用、灯光有氛围（表3-4）。

量贩式KTV是近几年KTV的流行趋势，相比较于传统的普通KTV模式，在经营模式、营业时间上都有着极大的差异（表3-5）。

表3-5　　　　　　　　　　量贩式KTV与普通KTV差异对照

项目	量贩式KTV	普通KTV
营业时间	基本上24小时营业	一般只在夜间营业，营业时间不超过次日2时
基本情况	装修舒适	良莠不齐，好坏均有可能
计费方式	采用小时和分钟计费	价格与消费时间长短无关
价格制定	包厢按时段计费，不同时段价格差异明显，非节假日和白天的价格非常优惠	按包厢大小计费，价格一般固定
最低消费	不设最低消费和人头费	设有消费和人头费
服务方式	包厢不设专职服务员，采用自助服务	包厢设有专职的服务人员
酒水供应	附设便利超市，酒水小点几乎平价供应	不设超市，酒水小点价格高昂
营业规模	规模化经营，一般拥有几十个甚至上百个大小包厢	包厢数量多少不定
服务对象	消费人员涵盖商务消费人群和普通消费者	多为商务消费人群
附加服务	多数提供免费餐饮等附加服务，中餐与晚餐可一并在内解决	不提供免费餐饮等附加服务

图3-118 新中式KTV包间

装修风格总体上趋于现代实用，又吸取传统的特征，在装潢与陈设中融古今中西于一体，别具风味。

图3-119 新古典KTV包间

把古典构件的抽象形式以新的手法组合在一起，创造出一种融感性与理性、集传统与现代的室内风格设计。

图3-118 | 图3-119

★ 小贴士

KTV装饰色彩设计

KTV装饰设计使色彩与KTV整体造型很好地融合在一块，设计出自己的特色，才有机会脱颖而出（图3-120、图3-121）。

1. 单纯色谐调。用单纯处理色彩关系，很容易取得谐调的效果，但用单纯色处理KTV内部色彩关系时，容易出现单调的可能。

2. 同类色谐调。所谓同类色就是色环上色距很近的色相，在设计上同类色谐调目前没有统一的标准。

3. 近似色谐调。又叫类似色或邻近色，色环上色距大于同类色而未及对比色的色相，都是近似色。在配置色彩的过程中，如果某两种颜色不谐调，只要在两种颜色中间同时加入另一种颜色，便可收到较为谐调的效果。

第五节　休闲空间设计

一、桑拿洗浴中心设计

桑拿又称"芬兰浴"，是指在封闭的小房间内用加热的湿空气对人体进行理疗的过程。通常桑拿室内温度可以达到90℃以上。桑拿起源于芬兰古代，如今已有2000年以上的历史。它利用对全身反复干蒸冲洗的冷热刺激，使血管反复扩张及收缩，能达到增强血管弹性、预防血管硬化的效果。对关节炎、腰背肌肉疼痛、支气管炎、神经衰弱等也有一定保健功效。以桑拿洗浴为代表的休闲方式传入中国，并逐渐成为一种新兴产业，洗桑拿逐渐成为都市人缓解精神压力的一种有效方式（图3-122、图3-123）。

1. 桑拿洗浴中心区域划分

桑拿洗浴中心一般设有接待大厅、更衣室、洗浴区、休息大厅、按摩房、美容美发、健身

图3-120	图3-121
图3-122	图3-123

图3-120 KTV装饰设计

设计师在设计时加大色彩浓淡的差别，用大面积的深色来包围一小块亮色，在视觉上更耀眼。

图3-121 KTV整体造型设计

KTV整体造型要与装饰色彩相搭配，墙地面与家具的色彩不能对比太强烈，容易产生"头重脚轻"的感觉，由于空间昏暗，灯光变换快，色彩对比太多容易让人眼花缭乱。

图3-122 桑拿洗浴等候区

这里的等候区既是进去洗浴区的等待区域，也是洗浴之后的坐谈空间，在设计时距离洗浴区不远。

图3-123 桑拿洗浴区

完善的洗浴区除配有干蒸、湿蒸房外，还应配有热水、温水、冰水三种不同水温的水力按摩浴池。

房等功能区域，不同功能区设计应有各自的特点。

2. 桑拿洗浴的设计注意事项

（1）接待大厅的设计应艺术性强，体现休闲性特点；休息大厅的设计应温馨、雅致，光线柔和。

（2）按摩房的设计应体现多样化的风格，每个房间不能千篇一律，要给客人以不同的心理感受。

（3）更衣室应根据规模大小设置有足够的更衣柜，每个更衣柜应设置有存衣处和存鞋处两个部分；淋浴房各间应相互隔离，并配有冷热双喷头及浴帘。

（4）按摩房、休息大厅地面及墙面可以分别选用地毯或木地板等软性地面装饰材料和墙纸等艺术性墙面装饰材料。桑拿洗浴区地面材料适合铺满采用经过防滑处理的大理石、花岗岩或地砖，因为湿气大，墙面也应以防潮的石材和墙砖为主要装修材料。

（5）桑拿洗浴区因潮湿大，吊顶适宜采用防腐、防潮的装饰材料。如铝合金扣板、轻钢龙骨硅钙板、经过特殊工艺处理的板材等。纸面石膏板和普通木饰面材料，因为怕潮，不适合用在洗浴区，但可用于接待和休息大厅、按摩房等。

（6）桑拿浴室的灯光应柔和。水池区顶部照明宜采用防水型节能筒灯，防护等级为IPX4，干蒸房、湿蒸房属高温潮湿场所，防护等级应达到IPX5。线路应采用阻燃型聚氯乙烯绝缘电线，穿金属管顶棚内铺设。

（7）在封闭楼梯间前室、电梯前室、疏散走道、休息大厅及水池区均应设置火灾事故应急照明；在疏散走道及主要疏散路线，设置发光疏散指示标志，走道指示标志间距不大于20m。

（8）桑拿浴室的通风装置非常重要，其好坏直接关系到桑拿的效果甚至顾客的生命安全，因此，桑拿浴室的空调系统必须完善，运转正常，以确保浴室内始终处于正常的温度和湿度。

二、美发、美容场所设计

美容、美发主要以人的形象设计为主要内容。通常有美发店、美容院、美容美发厅等不同类型的经营模式，满足不同顾客的需要。

1. 美发店

美发店主要以剪发、洗发、染发、烫发等为主要服务功能，主要功能分区有理发区（图3-124、图3-125）、洗发区（图3-126）、烫染区（图3-127）、休息等待区（图3-128）、收银区（图3-129）、洗手间等。美发店的设计要点主要有以下几点。

（1）美发店的设计在风格上多追求个性与另类，如天花板的设计，故意露出水管、电线，并装上艺术感较强的灯饰，以体现裸露的粗犷风格，既体现效果，又节约成本。

图3-124 ｜ 图3-125

图3-124 大型美发店理发区

大型美发店各个功能区分区明显，在划分时根据美发流程来设计，但需要消费者来回走动，但胜在服务好。

图3-125 小型美发店理发区

小型美发店没有明确的功能分区，各个服务功能都能在一个座位上实现，因此，消费者等候时间较长，但实际操作时间较短，避免了来回走动。

图3-126 洗发区

洗发区单独设计能有效节省时间，专业的洗发座椅，提升使用者的良好体验，后排的货架方便拿取洗发用品。

图3-127 烫染区

烫染区设计在洗发区与操作区后面，能够有效减少消费者的通行时间，理发师也能随时观察染发的进度。

图3-128 休息等待区

一般情况下，去理发店都需要排队等候，设置等候区能有效避免顾客等待时的焦虑感，避免流失顾客。

图3-129 收银区

收银区设计在进门或最显眼的位置，一是可以及时接待消费者，二是方便消费者结账付款。

图3-130 收银台

美容院的收银台一般设计在进门处，能够及时接待每一位到访者。当顾客消费完毕后，直接在收银台付款，能有效避免顾客逃单现象。

图3-131 休息等待区

休息等候区既是接待消费者的区域，也是消费者的休息场所，在设计时要注重创意与配套设施，如饮水机、洗手间等必备设施。

图3-126	图3-127
图3-128	图3-129
图3-130	图3-131

（2）用充满生机的绿色植物点缀空间，营造清新、幽雅的环境氛围，是美发店常用的设计手法。

（3）理发区是美容店装饰、装修的重中之重，在保证干净整洁的基础上，可以利用镜子、理发工作台等独特的设计来增添特色，打破传统的四方形形状，有个性化的镜形和镜子四周的墙壁设计及理发工作台设计，可以让顾客留下深刻的印象。

（4）在电气路线设计方面应特别注意满足烫发、染发、吹发等多插座的需要。

2. 美容院

随着人们生活水平的提高，美容院在今天日趋普遍。美容院主要以美容、美体为主要功能，主要功能区有接待及收银台（图3-130）、休息等候区（图3-131）、美容室、美体室、淋浴房、洗手间等。美容店的设计要点有以下几点。

（1）美容院的灯光应特别注意氛围、情调的营造。柔和的灯光、精致的装修、个性化的陈设、轻柔的背景音乐能使顾客精神放松、心情愉悦。

（2）美容院的设计应特别注意色调的把握。很多美容院都把生意不好归结于管理、产品、服务和人气等原因。其实，美容院的色调设计也会影响生意的成败。冷色调的气氛生硬冰冷，使顾客在心理上产生抗拒感。暖色调令人平和舒缓，但如过多使用暖色中明度和纯度较高的色彩，也会使顾客产生不适感。暖色中的浅色调。如粉红、粉橙、粉绿色、粉蓝等粉色调系类，能使人感到亲切和温馨，比较适合美容院的环境。

（3）美容院除前台或咨询厅光线宜充足外，美容、美体区光线应柔和，以间接照明为主，少用或不用直接照明，不能给顾客有刺眼的感觉。美容、美体属于个体服务，可以灵活运用隔断或屏风、垂帘，尽量为顾客创造相对私密性的空间。

★ 补充要点

商业空间装修周期

商业空间为了提高消费者的消费额，会频繁进行装修，时刻保持焕然一新的面貌。

1.特大型商业空间，如商场、星级酒店、大型超市等面积超过3000m²的商业空间整体装修周期一般在5年左右。

2.大型商业空间，如电影院、快捷酒店、休闲会所、中型超市等面积1000～3000m²的商业空间整体装修周期一般在3～5年。

3.中型商业空间，如美容院、KTV、餐厅、中小型超市等面积300～1000m²的商业空间整体装修周期一般在3年左右。

4.微型商业空间，如个性化专卖店、食品店、日用百货店、店中店等面积100m²以下的商业空间整体装修周期一般在1～2年。

第六节 案例分析：文艺咖啡厅设计

蜜糖松鼠咖啡厅位于某学校食堂内。设计的初衷是为了让老师与学生们在学习之余能有一个放松身心的地方，也可朋友小聚。手工烘焙区是设计中的一大亮点，可以培养学生的动手能力（图3-132、图3-133）。

图3-132 蜜糖松鼠咖啡厅

在外观上，采用带有海岛风情装饰，蓝白相间的装饰遮阳伞，为咖啡厅增添了海岛气息，圆形灯箱设计别致。

图3-133 咖啡厅橱窗

橱窗展示是商业空间的装饰手法，橱窗具有良好的透光性与采光性，对营造室内环境具有极大帮助。

图3-132 ｜ 图3-133

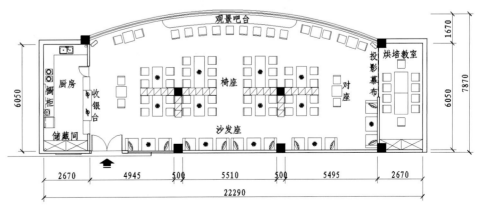

图3-134 平面布置图

图3-135 四人座

就餐区域分为四人座、六人座、靠墙两人座与观景吧台，可以根据自己的喜好及人数挑选座位。观景吧台可以观看到校园的部分景观。

图3-136 两人座

两人座是咖啡厅中最热门的座位，通常都是两两好友一起，来这里谈论生活、学习，享受午后的休闲时光。

图3-137 观景吧台

设计师在靠窗的位置设计了观景吧台，坐在此处可以从室内看到校园里匆忙行走的人群，以及校园风光。

图3-138 六人座

六人座适合于朋友之间的聚会，中间的格子架能够在视觉上形成隔断效果，让身处其中的人都能保有隐私。

图3-139 顶面布置图

在顶面布局图中，采用明装的LED筒灯与磨砂玻璃发光灯片，将灯具的实用与美观性完美的结合，同时根据平面布置图合理地将灯具设计其中，保证每个区域的亮度。

图3-140 咖啡厅照明设计

在照明设计上，采用吊灯与筒灯的照明方式，做到整体照明与局部照明相结合的设计形式，满足室内照明的需求。

图3-141 灯具设计

在局部光源不足的空间，设计师采用加装吊灯的形式来补充光源，灯具的外观造型简洁，灯光亮度适中。

图3-135	图3-136
图3-137	图3-138
图3-139	
图3-140	图3-141

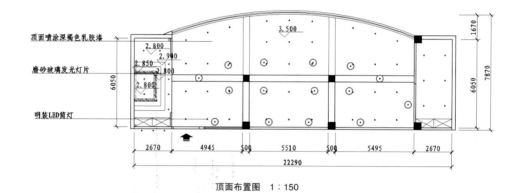

顶面布置图   1：150

在平面布局上，采用了对称式对布局方式，左右两侧分别是开放式操作间与烘焙教室，开放式操作间能让消费者看到整个操作间的运营模式，烘焙教室可供有兴趣的学生学习烘焙技术，中间部分主要是就餐区域（图3-134～图3-136）。

格子式的置物架，采用不同的拼接方式，既可以作为绿植的培养基地，也能够有效地阻隔来自周围座位人的视线，形成一定的私密空间，同时又不会完全的阻隔空间，带有一股奇妙的气息（图3-137、图3-138）。

在夜幕降临之际，LED筒灯与磨砂玻璃发光灯片将整个室内空间点亮，玻璃灯片好似月亮，LED筒灯仿佛是天空中的星星，彼此照应（图3-139～图3-141）。

本章小结

商业空间由多个空间组合而成，包括购物空间、酒店空间、餐饮空间、娱乐空间、休闲空间等。本章详细地将各个空间的设计要素、重要分析、设计方法等做了具体讲解，能够使读者更加简单快捷地了解商业空间的各个组合部分，帮助其加强对商业空间的理解。

第四章
商业空间色彩设计

学习难度： ★★★☆☆

核心概念： 色彩概念、组合、运用、搭配原则

章节导读： 色彩左右着人们对商业空间情感的理解和感知，虽然不能够直接地表达商业空间主题和其传递的实际含义，但却是无声绝佳的宣传者。因为消费者进入商业空间的第一感觉就是色彩，无论是视觉上还是心理上，色彩都能给人带来不同的感受。而在商店内部恰当地运用和组合色彩，调整好店内环境的色彩关系，对形成良好的空间氛围起到至关重要的作用（图4-1）。

图4-1 商业空间色彩设计

第一节 色彩设计概述

色彩设计就是颜色的搭配。自然界的色彩现象绚丽多变，而色彩设计的配色方案同样千变万化。当人们用眼睛观察自身所处的环境，色彩就首先闯入人们的视线，产生各种各样的视觉效果，带给人不同的视觉体会，直接影响着人的美感认知、情绪波动乃至生活状态、工作效率。基本来说，色彩总体还起到增加画面情绪、营造意境的作用。有时遇到设计命题限定使用的色彩种类，这时就依靠色块的大小对比、色块在画面内的位置、大小色块的数量等创意构思，来丰富画面情绪。

历经几个世纪的努力，几代物理学家毕生的研究，人们终于认识到色彩是太阳向宇宙发射的光，是波长在380~750mm的电磁波。光是一切物体颜色的唯一来源。光和色是不能分离的，光是色和形之母，色和形是光之子。

一、色彩的本质

色彩是通过光反射到人的眼中而产生的视觉感，我们可以区分的色彩有数百万之多。黑、白、灰被称为"无彩色"。除无彩色以外的一切色，如红、黄、蓝等色彩被称为有彩色。

二、色彩的属性

对色彩的性质进行系统的分类，可分为色相、明度及纯度三类。

1. 色相

色相（Hue），简写H，表示色的特质，是区别色彩的必要名称，例如红、橙、黄、绿、青、蓝、紫等。色相和色彩的强弱及明暗没有关系，只是纯粹表示色彩相貌的差异。色相是有彩色才具有的属性，无彩色没有色相。光谱的色顺序按环状排列即叫色相环。

2. 明度

明度（Value），简写V，表示色彩的强度，即色光的明暗度。不同的颜色，反射的光量强弱不一，因而会产生不同程度的明暗。明度最高的色是白色，明度最低的色是黑色（图4-2）。

3. 纯度

纯度（Chroma），简写C，表示色的纯度、亦即色的饱和度。具体来说，是表明一种颜色中是否含有白或黑的成分。假如某色不含白或黑的成分，便是纯色，纯度最高；含有越多白与黑的成分，它的纯度越低（图4-3）。

三、色调

在商业环境中，通过色彩的色相、纯度、明度的组合变化，产生对一种色彩结构的整体印象，这便是色调。

图4-2 | 图4-3

图4-2 明度
色彩明度是指色彩的亮度或明度。颜色有深浅、明暗的变化。比如，深黄、中黄、淡黄、柠檬黄等黄颜色在明度上不一样，这些颜色在明暗、深浅上的不同变化，也就是色彩的又一重要特征——明度变化。

图4-3 纯度
纯度最高的色彩就是原色，随着纯度的降低，色彩就会变得暗淡。纯度降到最低就是失去色相，变为无彩色，也就是黑色、白色和灰色。

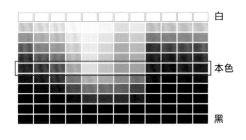
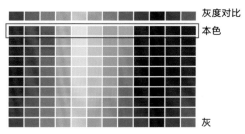

为商业空间环境确立的明度基调，将一定程度上决定商业空间环境最后所要形成的色彩效果。以颜色为基调的，主要是色量的控制，以寻求有主要倾向性色相的色彩，如偏橙色或偏粉红色，或含灰的色所组成的不同色调，还要暖色调、冷色调等。

1. 暖色调

暖色调给人温暖的感觉，尤其适用于冬天使用（图4-4），如红、黄、橙、赭石、咖啡、紫红等，具有热烈、明朗、兴奋、奔放等特点。

2. 冷色调

冷色调给整个商业空间带来清新、凉爽之感（图4-5），如蓝、绿、紫等，具有安静、稳重、明快等特征。

四、三原色

我们所见的各种色彩都是由三种色光或三种颜色组成，而它们本身不能再分拆出其他颜色成分，所以被称为三原色（图4-6）。

1. 光学三原色

光学三原色分别为红（Red）、绿（Green）、蓝（Blue）。将这三种色光混合，便可以得到白色光。如霓虹灯，它所发出的光本身带有颜色，能直接刺激人的视觉神经而让人感受到色彩，我们在电视屏幕和电脑显示器上看到的色彩，均是由RGB三原色组成的。

2.物体三原色

物体三原色分别为品红（Magenta red）、黄（Yellow）、蓝（Cyan）。三色相混，会得出黑色。物体不像霓虹灯，可以自己发放色光，它要靠光线照射，再反射出部分光线去刺激视觉，使人产生颜色的感觉。CMY三色混合，虽然可以得到黑色，但这种黑色并不是纯黑色，所以印刷时要另加黑色（Black）。

★ 小贴士

如何区分暖色调与冷色调

暖色调是指红、橙、黄、紫红、咖啡色等，这些色彩具有热情、奔放的特点、使人感到温暖。如果空间里的色调要装饰成暖色调的话，可以从以下的颜色中进行调配：如地面是浅驼色，沙发、蒙面织物为浅豆沙色，墙面、顶棚为米色，再配以咖啡色与白色相间的地毯，以及土黄色靠垫，使整个空间有股甜蜜感，温柔而又稳重。

冷色调主要包括青、蓝、绿、蓝紫等色彩，这些色彩具有安静、稳重之感。如地面是藏蓝色，墙面、顶棚淡蓝色，家具、沙发的蒙面织物为乳白色，会使整个房间显得清新、凉爽。如在沙发上点缀几个红色、黄色、绿色靠垫，使整个空间不至于因色调层次多而杂乱。

图4-4 ｜ 图4-5 ｜ 图4-6

图4-4 暖色调应用

暖色调的商业空间给人带来亲切、温暖的感觉，让人想要靠近这个空间。适合应用在服装店、酒店、游乐场、餐厅等空间。

图4-5 冷色调应用

在商业空间中，冷色调适合应用在需要安静、紧张氛围的空间，例如科技馆、鬼屋、游泳馆等场所。

图4-6 三原色

三原色指色彩中不能再分解的三种基本颜色，我们通常说的三原色，即品红、黄、蓝。三原色可以混合出所有的颜色，同时相加为黑色，黑白灰属于无色系。

RGB三原色　　　　CMYK三原色

第二节　色彩设计的作用

一、色彩的生理作用

人们对不同的色彩表现出不同的好恶，这种心理反应，常常是因为人们的生活经验，利害关系以及由色彩引起的联想造成的，此外也和人的年龄、性格、素养、民族、习惯等分不开。例如看到红色，联想到太阳，万物生命之源，从而感到崇敬、伟大；也可以联想到血，感到不安、野蛮等。看到黄绿色，联想到植物发芽生长，感受到春天的来临，于是用它代表青春、活力、希望、发展、和平等。看到黑色，联想到黑夜，丧事中的黑纱，从而感到神秘、悲哀、不详、绝望等。看到黄色，似阳光普照大地，感到明朗、活跃、兴奋。

二、色彩的心理作用

当色彩以不同的光强度与不同的波长作用于人的视觉时，便会产生一系列生理、心理的反应，这些与人以往的经验相联系时，便会引起各种联想，使色彩具有情感、意志、情绪等各方面的象征意义。商业空间环境的色彩必须考虑这些因素，如体育竞技类的场馆往往采用强烈的红、黄等纯度高的色彩，可以刺激运动员的求胜欲望，提高竞技状态；如图书馆阅览室则采用偏冷的低纯度的色彩，以营造宁静的环境气氛。

三、色彩的空间感觉

不同色彩与不同色调在商业空间中使用，成为现代商业空间环境调节手段的一种重要方面。现代科技的进步，使人们不但满足购买产品的本身，更多的愿意参与、充分享受创造的过程。专业的设计师针对商业空间的需求，利用电脑进行各种调色试验，如涂料、家具的配置等，以达到色彩调节空间效果的作用。

（1）根据不同空间的功能要求设置不同的色彩，以明确区域划分。

（2）从美学角度上突出空间的外貌特征，给人安全、舒适、悦目的感觉。

（3）有效地利用光照，易于看清商业空间中的各个物品。

（4）减少人的视觉疲劳，提高学习、工作的注意力。

（5）使商业环境更加整洁、有序，从而提高工作效率。

四、色彩的视觉效果

色彩对人引起的视觉效果反映在物理性质方面，如冷暖、远近、轻重、大小等，这不但是物体本身对光的吸收和反射不同的结果，而且还存在着物体间的相互作用的关系所形成的错觉。色彩的物理作用在商业空间设计中可以大显身手，赋予设计作品感人的设计魅力。

1. 温度感

在色彩学中，把不同色相的色彩分为热色、冷色和温色，从红紫、红、橙、黄到黄绿色称为热色，以橙色最热。从青紫、青至青绿色称冷色，以青色为最冷。紫色是红与青色混合而成的，绿色是黄与青色混合而成的，因此为温色（图4-7）。通过冷色与暖色在商业空间中的运用给我们体温上的不同感受。如在朝北的居室运用暖色调易创造温暖的感觉，冷色调会使房间显得比较凉爽。

2. 距离感

色彩可以使人产生进退、凹凸、远近的不同感觉，一般暖色系和明度高的色彩给人以前进、凸出、接近的效果，商业空间设计中常利用色彩的这些特点去改变空间的大小和高低感（图4-8）。冷色偏轻，给人以很远的感觉，如使用了它们，房间显得更大，更具庄重感。暖色偏重，给人以相互吸引的感觉。

3. 重量感

色彩的重量感主要取决于明度和纯度，明度和纯度高的物体显得轻，如桃红、浅黄色。反之则显得庄重。在商业空间设计的构图中常以此达到平衡和稳定的需要，以及表现性格的需求（图4-9）。

4. 尺度感

色彩对表现物体大小的作用，包括色相和明度两个因素。暖色和明度高的色彩具有扩散作用，因此物体显得大，而冷色和暗色则具有内聚作用，因此物体显得小。不同的明度和冷暖色有时也通过对比作用显示出来，商业空间不同家具、物体的大小和整个空间的色彩处理有密切的关系，可以利用色彩来改变物体的尺度、体积和空间感，使商业空间各部分之间关系更为谐调（图4-10）。选择明亮色彩的材料装饰天花、地面、墙面、利用明亮色彩的反射作用能使人整个空间感更亮堂，更扩大。大而高的空间，易产生视觉的涣散和乏味感，如快餐厅，整体的暖色调，低纯度的对比色，给人营造亲切的"家"的气氛。

第三节　色彩的设计原则

色彩设计在商业空间设计中起着改变或创造某种格调的作用，会给人带来某种视觉上的差异和艺术上的享受。人们进入某个空间最初的几秒钟内得到的印象75%对色彩的感觉，然后才

图4-11 统一的主题色调

在空间、展品、装饰、照明等方面，商业空间都应在总体色彩基调上统一考虑。

图4-12 突出主题的色调

通过大面积的红色来突出专柜的主题色调，在整个大展厅中能够脱颖而出。

图4-13 色调的情感性

色彩能够赋予空间一定的情感，暖色光源、红色商品在视觉上给人温暖、热情的情感。

图4-14 生动而丰富的色调

光源对色彩具有一定的影响，在光亮的环境下，红色的景观树呈现出亮丽的颜色，而在昏暗的环境中，景观树的颜色会有所暗淡。

| 图4-11 | 图4-12 |
| 图4-13 | 图4-14 |

会去理解型体。所以，色彩对人们产生的第一印象是装饰设计不能忽视的重要因素。在商业空间环境中的色彩设计要遵循一些基本的设计原则，这些设计原则可以更好地使色彩服务于整体的空间设计，从而达到最佳的设计效果。

一、统一性原则

在商业空间环境中，各种色彩相互作用于空间中，确立总体色调要和展示的内容主题相适应，对商业空间环境起决定作用的大面积色彩即为主色调。色彩应与使用环境的功能要求、气氛和意境要求相适合，与样式风格相谐调，形成系统、统一的主题色调（图4-11）。

二、突出主题原则

色彩设计应考虑以什么样的色调来创造整体效果，构成浓烈的空间气氛，突出主题性。考虑内容与商品个性的特点，选择色彩要有利于突出产品，利用色彩对比方法使主体形象更加鲜明（图4-12）。

三、情感性原则

把握观众对色彩的心理感受，充分利用色彩给人的心理感受，如温度感、距离感、重量感、尺度感等，增加商业空间色彩设计给人的情感需求（图4-13）。

四、丰富性原则

印象派画家梵·高曾说过："没有不好的颜色，只有不好的搭配"。在色彩设计时，应避免过于单调或过于统一，没有变化，缺乏生气（图4-14）。

五、灵活性原则

不同的光源会对色彩产生不同的影响，应合理考虑色彩与照明的关系。光源和照明方式的不同会带来色彩的变化，加以灵活利用，可营造出神秘、新奇的气氛（图4-15、图4-16）。

★ **补充要点**

色彩心理设计

娱乐场所采用华丽、兴奋的色彩能增强欢乐、愉快、热烈的气氛。学校、医院采用简洁的配色能为学生、病员创造安静、清洁、卫生、幽静的环境。

夏天服色采用冷色，冬天服色采用暖色，可以调节冷暖感觉。儿童服色采用强烈、跳跃、闪烁、明快的配色更能表现儿童的活泼感，以逗人喜爱。朴素、大方、沉静的服饰色调可以衬托青年男子稳重、自信、成熟的性格。倘若是大红大绿的花哨衣着被青年男子穿着，就能使人产生轻挑、不稳重的感觉。因为把精力全部投入事业的人是没精力放在寻求色彩刺激上的。

在医学上，淡蓝色能够使人退烧，血压降低；赭石色能使病人血压升高，增强新陈代谢；蓝色有利于外伤病人克制冲动和烦躁；利用蓝色荧光灯照射患有黄疸病的婴儿有一定治疗效果，绿色有利于病人休息，红、橙色可以增强食欲。

第四节　案例分析：商业空间色彩设计

色彩对展示空间的营业、聚集人气具有重大影响，色彩能够激发消费者的购买欲望，为商场创造营收。一般来说，展厅设计宜使用清新明亮的色彩，利用色彩的远近感形成不同层次的色调来修饰空间状态，扩展商场的空间感，构建开阔的空间视觉效果(图4-17～图4-26)。

图4-15 单色灯光照明

在单色灯光照明环境下，整个空间的色彩相对一致，空间氛围十分平缓。

图4-16 多色灯光照明

在多色灯光照明环境下，商品本身的色彩被发掘出来，呈现出良好的视觉效果。

图4-17 外观设计

商场的外观采用玻璃幕墙设计，简洁的门头设计与周边的建筑风格十分融洽，能够适应周边环境。

图4-18 顶面设计

顶面天花设计可以使用反射率较高的色彩，但不宜太过炫目的色彩，否则容易转移顾客的注意力，从而冲淡商品对顾客的吸引力。

| 图4-15 | 图4-16 |
| 图4-17 | 图4-18 |

图4-19 地面设计

地面色彩不能分散顾客的注意力，可以使用反光性低的色彩，以免喧宾夺主。

图4-20 墙面色彩设计

墙面不做过多的色彩装饰，而靠墙的展板色彩就足以装饰整个墙面空间。

图4-21 一楼设计图

图4-19	图4-20
图4-21	

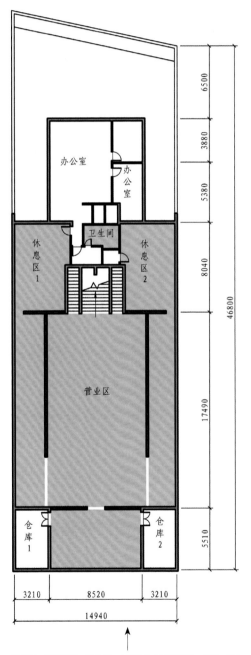

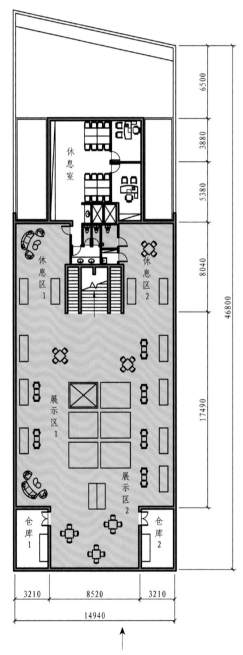

这里是一家服装店，改造前，主要分为入口展示区、仓库、试衣间、收银区等几个大区域。其次，整个空间的分区十分明显，采用实质隔断与柔性隔断结合，整个空间分区合理，布局规划适宜。

改造后，靠近入口大厅的区域被设计为服装展示区与休息区，靠墙处都设计了展示柜与展示架，最里面的试衣间改成了储物间，收银区设计为第2个休息区，尽可能多的满足消费者的个性化需求。

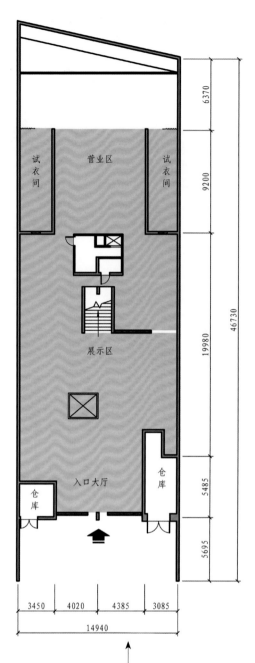

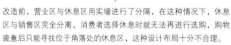

图4-22
图4-23 | 图4-24

图4-22 二楼设计图

图4-23 空间配色设计

天花板的颜色应浅于墙面或与墙面同色。当墙面的颜色为深色时，天花板应采用浅色。天花板的色系只能是白色或与墙面同色系，最佳配色深度是墙浅、地中、陈设深。

图4-24 色彩视觉效果

白黄相间的格子间为储藏间，为了与整个空间相融合，清新亮丽的色彩黄色与空间配色十分谐调，在视觉上更轻盈，同时，竖向条纹能够拉伸空间比例。

改造前，营业区与休息区用实墙进行了分隔，在这种情况下，休息区与销售区完全分离，消费者选择休息时就无法再进行选购，购物疲惫后只能寻找位于角落处的休息区，这种设计布局十分不合理。

改造后，将整个空间的隔墙全部拆除，二楼的视线更开阔。二楼的楼梯处两侧被改造为休息区，靠近墙体的部位设计了两排展柜。

图4-25 空间结构设计

整个空间分为上下两层，一楼休息娱乐居多，二楼展示品居多，功能分区合理。

图4-26 休息区色彩搭配

相对于楼上的清新色彩搭配，楼下休闲区的色彩十分亮丽。休闲区设有咖啡、简餐，亮丽的色彩搭配更能激发消费者的饮食欲望。

图4-25 ｜ 图4-26

本章小结

色彩设计是商业空间设计的一大亮点，它能够迅速地吸引客户的视线，牢牢把握住客户的内心世界。在商业空间色彩设计中，需要表现出商业空间设计的主题，突出商品的性能及用途，通过各种设计手法来衬托商品。无论是空间界面还是货柜、货架的色彩都要烘托商品、宣传商品和诱导购物。合理使用色彩搭配方法及设计原则，能够突出商业空间的氛围，吸引更多的消费者进入这个空间内。

第五章

商业空间陈设与绿化设计

学习难度： ★★★★☆

重点概念： 陈设方式、技巧、绿化形式、设计

章节导读： 在现代的商业活动中，商业空间的环境艺术陈设与环境绿化越来越受到消费者的看重。作为一名合格的设计师，合理运用商业空间的设计方式可以有效提升空间效果、提升商业品牌形象，使得消费者认同该商业空间，从而使得整个空间具有氛围，引导消费者做出消费行为。而商业空间的陈设与绿化装饰，是设计中提升空间效果的设计元素（图5-1）。

图5-1 商业空间绿化设计

第一节　空间陈设设计

一、家具的空间定义

长期的实践证明，单纯的轴线及对称平衡要求，在实际生活中已经很难适应现代生活方式和工作方式的变化了。心理和不同的行为方式的研究，已经使设计师认识到不可能用某种统一的模式来限定家具的陈设。商业空间设计中陈设环境的使用具有很大灵活性，不仅具有特定的使用功能，包括组织空间、分隔空间、填补和充实空间，还应具有烘托环境气氛、营造和增加环境的感染力，强化环境风格等装饰作用。

二、家具的类别

1. 按使用材料分类

按使用材料可以分为木制家具、塑料家具、金属家具、石材家具和复合家具等（图5-2～图5-5）。

2. 按家具布置方式

（1）对称式。其显得庄重、严肃、稳定而静穆，适合于隆重、正规的场合，一般场合中使用这种布置方式不易出错（图5-6）。

（2）非对称式。其显得活泼、自由、流动，适合于轻松、非正规的场合（图5-7）。

图5-2 木制家具

木、藤、竹质家具有质轻、淳朴、自然等特点，易于创造出清新的氛围。

图5-3 塑料家具

塑料家具耐老化但耐磨稍差，商业空间的人流量大，选择耐磨耐老化的家具更加符合商业空间的特性。

图5-4 金属家具

金属家具是以金属为主材并配以钢板、玻璃、人造板、皮布等铺材制成的家具，时尚感强，且使用寿命长。

图5-5 石材家具

石材家具比较笨拙，多用于室内外空间的固定布置。复合家具是两种及两种以上的材料为主制成。

图5-6 对称式

对称式布局在商业空间中十分常见，彰显出庄重、稳定的氛围，适合于高档精品店。

图5-7 非对称式

非对称式没有对称式的固定布局要求，只要布局合理，没有过多的布置要求，以美观实用性为主。

图5-2	图5-3
图5-4	图5-5
图5-6	图5-7

图5-8	图5-9
图5-10	图5-11
图5-12	图5-13

（3）集中式。其常适合于功能比较单一、家具品类不多、房间面积较小的场合，组成单一的家具组（图5-8）。

（4）分散式。其常适用于功能多样、家具种类较多、房间面积较大的空间内，组成若干家具组、团（图5-9）。

3. 商业空间的位置分布

（1）周边式。家具沿四周墙布置，留出中部空间位置，空间相对集中，易于组织交流，对于整个空间的情况一目了然（图5-10）。

（2）中心式。将家具布置在商业空间中心部位，留出周边空间，强调家具的中心地位和商业空间的支配权，交通流线在四周展开，保证中心区域不受干扰和影响（图5-11）。

（3）单边式。将家具集中在一侧，留出另一侧的空间，这样的设计形式能够使消费者在整个空间内的逗留时间更长（图5-12）。

（4）走道式。将家具布置在商业空间两侧，中间留出走道。节约交通面积，交通对两边都有干扰（图5-13）。

总之，家具除了其自身的实用功能外，还与组织交通，塑造空间气氛有很大的关系。设计师应当根据不同设计对象、不同的条件、不同的家具，进行因地制宜的设计，才能真正发挥家具在商业空间的作用。不论采取何种形式，都应有主有次，层次分明，聚散相宜。

三、家具布置的基本方法

1. 位置摆放合理

家具的位置摆放至关重要，合理的布局能让整个空间流线畅通无阻，减少拥挤。如酒店客房、客房套间将谈话、休息处布置在入口的部位，卧室在套间的后部。卧室内的床位一般布置在暗处，休息座位靠窗布置（图5-14、图5-15）。

2. 方便使用，节约劳动成本

同一空间的家具在使用上都是相互联系的，它们的相互联系是根据人在使用过程中达到方便、舒适、省时、省力等活动规律来确定。

3. 丰富空间，改善环境

家具不但丰富了空间内涵，而且能改善空间、弥补空间不足，因此应根据家具的不同体量大小、高低，结合空间给予合理的、相适应的位置，对空间进行再创造（图5-16、图5-17）。

四、家具陈设原则

1. 按形状摆放

（1）点式布置家具。通常摆放的位置比较显眼，常以家具作为视觉中心，能够在第一眼就抓住重点，让人离不开视线（图5-18）。

（2）面式布置家具。通常摆放的面积较大，常用家具作为功能分区使用，从而达到利用家具来分割空间的作用（图5-19）。

图5-14 靠窗休息区

将休息区设计在靠窗位置，便于人躺在床上就能看到室外景观，也借景扩大了室内空间。

图5-15 会谈区

一般商务型酒店会有套房设计，方便客人接待朋友，或是洽谈业务。

图5-16 丰富空间

空间内的各种家具可以丰富空间形式，让空间具有更多的使用功能。

图5-17 改善环境

家具使空间在视觉上达到良好的效果，设计感强的家具对空间具有更好的装饰性。

图5-18 点式布置家具

点式布置的家具摆放位置十分显眼，一般作为空间视觉中心，容易让人抓住重点。

图5-19 面式布置家具

面积较大的家具能够区分空间，对空间进行有效划分。

图5-14	图5-15
图5-16	图5-17
图5-18	图5-19

2. 变化与统一

家具大小的对比与统一，形状的对比与谐调，方向、虚实、质地的对比统一都是设计中需考虑到的（图5-20~图5-23）。

第二节　空间绿化设计

一、绿化陈设的定义

绿化陈设艺术实际上属于空间陈设的一种，是指按照商业环境的特点，根据美学、生物学和环境学的原理，利用以观叶植物为主的观赏材料，使绿化与商业环境相谐调，形成一个统一的整体，达到人、商业环境与大自然的和谐统一，具有很强的艺术表现力（图5-24）。室内植物作为装饰性的陈设，比其他任何陈设更具有生机感。

二、绿化陈设的分类

商业空间陈设一般分为装饰性陈设和功能性陈设。绿化陈设兼备二者的性质，将绿化陈设引入商业环境中的初衷是起到装饰作用，但是配合植物造景原则，它们还可以起到对空间进行划分、暗示和联系的作用，从而使整个商业空间具有审美性。此外，改善空气质量也是绿化陈设的一个主要作用（图5-25、图5-26）。

现代商业空间作为主要的消费场所，受众面广，因此它的绿化陈设艺术要求更新快、标准高，有创新，只用单一的绿色植物直接作为陈设品已不能满足空间要求，将绿化陈设的功能需求与造景原则、环境艺术等综合表达是其发展方向。植物绿化主要分为两类：绿叶陈设设计、花艺设计。

图5-24 绿化陈设

绿化陈设主要是利用植物材料并结合园林常用的手法，来组织、完善、美化空间。植物的绿色可以给人的大脑皮层以良好的刺激，使疲劳的神经系统在紧张的工作和思考之后得以恢复，并给人以美的享受。

图5-25 室内空间绿化

绿化陈设用于住宅内绿化时，主要以绿色植物直接作为陈设品完成设计。

图5-26 商业空间绿化

商业空间属于半封闭性的空间，长时间待在一个空间内难免会乏味，绿植的点缀能缓解人视觉上的疲劳。

图5-27 盆景点缀

盆景是以植物和山石为基本素材，在盆内表现微型自然盆景的艺术品，是一种将山水树木经过提炼抽象化，表达风景意境的一种艺术形式。

图5-28 盆景组合

在盆景中加以山水、人物、鸟兽等作陪衬，通过修剪、整形等园艺手段，在盆中体现千姿百态的形式。

图5-24	
图5-25	图5-26
图5-27	图5-28

1. 绿叶陈设设计

绿叶陈设是我们在传统的陈设设计中接触比较多的，主要包括绿植、盆景、插花等。绿植分为地栽与池栽两种方式，一般包括孤植、对植、丛植及群植4种种植方式。

盆景是我国传统的艺术形式之一。盆景在唐代时期由我国传入日本，被称为"盆栽"。树形盆景一般分为观形、观叶、观果和观花四种类型，商业空间宜选用枝叶小巧、生命力强、生长速度缓慢、寿命长、枝干造型独特的植物为更好（图5-27、图5-28）。

山水盆栽是以各种山石为主要素材，以大自然的山水景观为范本，经过精选和雕塑等技术加工，布置于浅口盆中，在石中留有种植穴，便于栽植草木。在当代植物景观创作中，更多是"树与石组合类"（图5-29）。

2. 花艺设计

花艺设计是以花材为主要素材，通过艺术构思和剪裁整形与摆插来表现自然美与生活美的一门艺术。花艺设计首先将大自然中万紫千红的花卉，引入商业空间作为装饰环境的主体，再将各类花型的特征和色调，用以不同材质的玻璃、陶、木、藤、竹、石等形态各异的器皿，加以重组和衬托。突出不同品类的花、叶、枝，虚实、疏密的变化加以夸张变化的手法，达到特定环境空间所需要的装饰效果（图5-30）。插花即指将剪切下来的植物之枝、叶、花、果作为素材，经过一定的技术和艺术加工，重新设计成一件精美、富有诗意、能重现自然美和生活美的花卉艺术品，称其为插花艺术（图5-31）。

三、环境绿化的作用

1. 美化视觉效果

商业空间中，可以通过植物造景原则及各种艺术手法，从色彩、形态、质感组合形式等方面形成鲜明的对比，使空间呈现出一种艺术的美感。适量的植物配景，可使商业环境形成绿化空间，人们置身于此，会感受心旷神怡、悠然自得之感（图5-32）。

2. 促进消费

现代商业空间中绿化陈设艺术对于消费者心理上的影响主要有两个方面：愉悦消费者的心情和激发消费者的购买欲望。一个郁郁葱葱的绿色世界或一个微型园林，会使人们产生视觉美感，那么身处其中的人们会明显地感到喜悦。研究表明，与缺乏植物的环境相比，人们更喜欢绿色覆盖的大自然环境，并且会保持愉悦的心情，这是人的本性所致（图5-33）。

3. 填充和划分空间

在商业空间的中庭、公共区域等地，绿化陈设在空间中出现的频率很高。在整体绿化设计中，大多采用地栽、盆栽或攀缘植物，除了基础设施（通道、用餐区、卫生间等）之外，更多种植绿植，搭配不同的品种，高低错落，使空间组织看起来更加丰富（图5-34）。现代建筑的商业空间越来越大，越来越通透，墙的空间割断作用已经逐渐被绿植代替，绿化植物还可以与其他商业陈设相互组合，形成有机的整体。

用绿化装饰设计可使空间景象一新。通常在一组家具或沙发转角的端头，用植物陈设作为家具之间的联系和结束，创造一种宁静和谐的气氛（图5-35、图5-36）。

图5-29 树与石组合类植物景观

图中植物景观是以植物、山石、栽培基质为素材，分别应用树木、山水盆景创作手法，将素材元素按一定比例立意组合成景，典型地再现大自然树木、山水兼而有之神貌景观的艺术品。

图5-30 商业空间花艺

将各色花与绿叶经过修剪搭配，使用不同的器皿来承载这一份美好，在特定的环境中起到了良好的装饰效果。

图5-31 商业空间插花

商业空间插花在一定的空间范围内起到了烘托主题氛围的作用，能够让消费者感到环境的舒适，促进消费者的消费心理，带动消费者的消费情绪，从而达到商业空间的特定性能。

图5-32 美化视觉效果

绿化将自然界的绿色植被引入冰冷的建筑中，体现植物本身的美，包括其组合形态、色彩和芳香等。

4. 突出重点场景

绿化陈设艺术是绿化植物与装置艺术的高度结合，具有很高的观赏价值，能够强烈吸引人们的注意力，因而常能起到烘托重点或主体的作用（图5-37、图5-38）。

四、空间绿化的设计方式

绿色植物在商业环境中的应用应根据不同空间位置，选择相应的植物品种。但绿化通常总是利用剩余空间，或不影响交通的墙边、角隅，并利用悬、吊、壁龛、壁架等方式充分利用空间，尽量少占商业空间使用面积。同时，某些攀缘、藤萝植物又宜于垂悬以充分展示其风姿。因此，绿化的布置，应从平面和垂直两方面进行考虑，使形成立体的绿色环境。

1. 重点装饰与边角点缀

把绿化作为主要陈设并使其成为视觉中心，以其形、色的特有魅力来吸引人们，是许多厅室常采用的一种布置方式（图5-39）。植物景观应营造简洁鲜明的欢迎气氛，可选用较大型、姿态挺拔、色彩鲜艳、不阻挡人们视线的观叶型盆栽植物，如椰子、棕竹、南洋杉等。也可在入口或玄关处选用有特色的花艺进行布置，如色彩明亮、造型奇特的插花、盆花等，使室内外景观产生呼应与联系（图5-40）。

2. 点状布置与面状布置

点状布置是独立的或成组设置盆栽植物，往往是营造商业空间的景观点，具有较强的观赏

图5-33 促进消费

人们在一个特定的购物环境中，满足了视觉的美感、愉悦了心情，继而就会激发其消费欲望。

图5-34 填充和划分空间

绿化陈设在视觉上可以起到划分空间的作用，形成虚实相间的氛围，同时在空间布局上，可以作为填充空白部位，增加空间的充实感。

图5-35 家具转角绿化

在窗台或窗框周围陈设小型盆景或悬吊绿植，可开阔和美化窗景。

图5-36 楼梯底部绿化

在一些难以利用的空间死角，如楼梯上空或底下布置绿植，可使这些空间充满生机、增添意趣。

图5-37 突出大厅重点场景

在现代商业空间中，门厅入口及商业自身景观都是吸引顾客的关键位置。

图5-38 突出房间家具摆放场景

在房间适宜的摆放绿化陈设会有意想不到的效果，能够美化室内环境，突出重点装饰场景。

性和装饰性。常用各种花盆、花篮围成花坛，再配以绿化植物点缀，创造色彩斑斓的动人景色（图5-41）。面状布置是将原本有限的空间全部散布绿化陈设，风格统一又不失活泼，形成一幅生动的画面，使商业气氛更加生机勃勃（图5-42）。

3. 线性布置

在现代商业空间的扶手电梯处、通道入口、自动扶梯两侧，连续摆放一排或几排盆栽植物，多成均匀对称状，而且植物材料在形状、大小、色彩上都是一致的。这样既可以划分人流，强调线性的方向性，还可以增强绿化效果（图5-43）。

4. 垂直绿化

在商业空间的顶面，可以悬挂特殊花艺设计而成的花球或枝条，长度长短不一，并与灯饰相结合，营造出丰富的商业绿化空间（图5-44）。在建筑的柱、架、棚或共享空间的各层栏板外延，种植藤本植物，使其攀缘其上（图5-45）。或在共享空间的各层栏板处建造悬空花池，运用线配置的方式形成优美的线性效果，紧密地与地面绿化相呼应，完成绿化的上下统一。

5. 对比设计

绿化的另一个作用，就是通过其独特的造型、色彩、质感形成对比。不论是绿叶或鲜花，不论是铺地或是屏障，集中布置成片的背景，绿化背景墙能够将整个空间的绿色氛围挥发到极致（图5-46）。

图5-39 植物景观的重点装饰

绿植可以放置在厅室的中央或在门厅内做植物组景，使其色彩与室外相关联，内外结合相得益彰。

图5-40 植物景观的边角点缀

当空间面积有限时，用植物边角点缀空间的方式也是一种良好的装饰手法，既不会占用太多空间，也能起到装饰效果。

图5-41 植物景观的点状布置

安排点状绿化的原则是突出重点，植物在形态、颜色、质地各方面要求精心挑选。

图5-42 植物景观的面状布置

面状的景观绿化的视觉效果十分惊艳，整个绿化仿佛是一幅画。

图5-43 植物景观的线性布置

在商场的扶手电梯处进行植物景观的线性布置，能够合理地引导消费者进行购物体验，在人流量大的时候能够有效地划分人流，防止商场出现踩踏事件，同时能够净化商场的空气。

图5-44 吊挂垂直绿化

吊挂垂直绿化不仅增加绿化效果、丰富空间层次，还可以营造特色的夜间效果。

图5-39	图5-40
图5-41	图5-42
图5-43	图5-44

图5-45 墙面垂直绿化

墙面垂直绿化的植物一般有牵花、紫藤、常春藤等，可塑性较大，易于人工造型，可形成独特的观赏形态，成为垂直绿化景观。

图5-46 绿色植物背景墙

绿化背景墙是室内绿化布局的一种手法，大面积的绿化设计形成一片绿屏，能够与周围环境形成鲜明的对比，衬托出整个空间的独特性，展现出商业空间的创新发展。

图5-47 中心式布置

咖啡操作台位于整个空间的中线地带，面向左右阅读区的读者，方便为读者提供多样化的服务。

图5-48 走道式布置

合理利用每一处空间，将书架与楼梯相结合，书架对楼梯起到保护作用，不需要再特意安装护栏。而书架的正面起到展示书籍，配置绿化的作用。

图5-49 单边式布置

书架采用单边式靠墙布置，合理利用空间，方便读者有序地选择书籍，通行更加顺畅。

图5-50 绿植布置

绿植设计是整个空间的点睛之笔，恰到好处的绿植将整个空间打造为自然、生态书屋，给予人返璞归真的阅读环境，抛去了都市里的繁华浮躁，多了一份放松心灵、陶冶情操的好地方。

图5-45	图5-46
图5-47	图5-48
图5-49	图5-50

6. 结合家具陈设布置绿化

商业空间绿化方式除了单独落地布置外，还可与家具、陈设、灯具等物件结合布置，与整个环境相得益彰，组成有机的整体。

7. 沿窗布置绿化

在商业空间靠窗布置绿化，能使植物接受更多的日照，并形成商业绿化景观。可以做成花槽或采用低台放置小型盆栽等方式。

第三节　案例分析：书店陈设与空间绿化设计

该书店在改造之前是一间品牌服装店，设计师采用简洁的线条与绿植、花艺，让原本枯燥乏味的阅读空间，看起来生机勃勃，富有生气（图5-47～图5-54）。

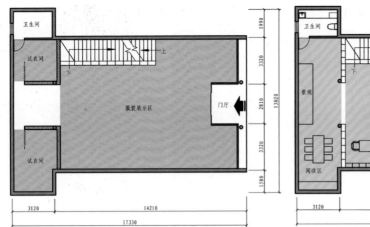

图5-51 一楼平面布置图

左：原有的空间布局为一处楼梯、卫生间，两处试衣间，其余空间为服装展示区，主要以展示服装为主导，空间布局较为合理。但从人性化角度来看，整个空间没有休息区，导致消费者在店内停留的时间较短，不易做出购买抉择。

右：改造后的空间为咖啡厅与阅读区。从进门依次为咖啡操作台、休息座椅、阅读区、观景台、卫生间，整个一楼空间以休闲为主，读者可以在这里聊天、喝咖啡、看书、观景，家具摆放也十分随意，有两人座、四人座、六人座、观景吧台，消费者也随意选择休息区。

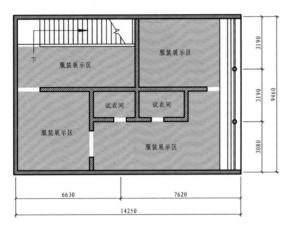
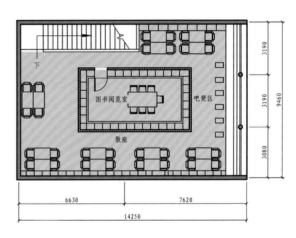

图5-52 二楼平面布置图

左：改造前，二楼依然以展示服装为主，试衣间位于展示区域的中间地带。

右：改造后，二楼主要作为阅读区，为了空间得到更好地运用，以及保持读者的安静阅读与私密性，书架被设置为矩形框架结构。书架位于中线位置，阅读区围绕着书架来设置，既能保证每一位读者的阅读环境，也能更多的储存书籍，一举两得。

图5-53 观景吧台

二楼靠窗位置设计了一处观景吧台，既可以在这里安静地看书，疲惫之余，也可以眺望远处的风景，让眼睛得到有效放松。

图5-54 绿化设计

吧台靠窗位置摆放了一排绿植，郁郁葱葱的植物与窗外的景观连成一片。书架上的绿植箱里也放上了绿植，十分生动活泼，使得整个空间生机盎然。

本章小结

本章以商品陈设和绿化设计为主，让商业空间的设计形式更加的丰富多彩，展现出商业空间的新面貌，绿化设计一直是空间设计的画龙点睛之笔，合理运用绿化设计可以让整个商业空间散发着生机。

第六章
商业空间照明设计

学习难度： ★★★★★

核心概念： 照明分类、灯具、类型、光环境设计

章节导读： 光伴随着人类发展至今，是人们生活中必不可少的生存条件。人们已经习惯在有光线的空间区域内活动。空间照明设计的重要性不言而喻，它对完善空间功能、营造空间强化环境特色、定位空间性质等都起到了至关重要的作用。照明设计是商业空间设计中的要点（图6-1）。

图6-1 商业空间照明设计

第一节　照明设计概述

光可以构成空间、改变空间、美化空间，但光的功能若是处理不好也能破坏空间。商业空间照明设计的好坏，直接影响商业空间设计的效果，会对人的购物心理和情感起到积极或消极的作用，所以对采光和照明应予以充分的重视。现代设计中逐步将灯光设计作为专门的学科进行研究，并出现了专业的灯光设计师，配合空间设计师共同完成设计方案。

一、商业空间照明作用

照明在商业空间环境中必不可少，它不仅可创造出多彩的商业空间环境，同时也可显示出商业空间的特点。商业空间环境照明设计的任务，在于借助光的性质和特点，使用不同的方式，在商业空间环境这个特有的空间中，满足商业空间所需的照明功能，有意识地创造环境气氛和意境，增加环境的艺术性，使环境更符合人们的心理和生理需求（图6-2、图6-3）。

★ 补充要点

人工照明的类型

人工照明可分为一般照明、局部照明和混合照明。一般照明，又称全面照明，使整个房间得到均等照度。多用于教室、实验室、图书馆(室)等；局部照明，只对某空间内一个或几个局部地点进行照明的方式，多用于对某个商品的特别展示；混合照明，又称综合照明，兼用一般照明和局部照明。

二、商业空间照明分类

商业空间照明一般可分为自然采光和人工采光两种。

1. 自然采光

自然采光是以太阳为光源形成光环境。自然光线的移动变化常影响物体的视觉效果，难以维持稳定的光照质量标准。因此，对于商业空间照明设计来说，一般很少完全以自然光为主要依据来考虑商业空间的照明视觉效果。有照明价值的自然光是白天的昼光，昼光是由直射地面的阳光与漫射地面的天空光组成（图6-4、图6-5）。它具有如下特性。

图6-2
图6-3 ｜ 图6-4 ｜ 图6-5

图6-2 商业空间走道照明

照明设计是商业空间设计的灵魂所在，一个较灵活及富有趣味的设计元素，可以成为推动气氛的催化剂，是设计的焦点及主题所在，也能加强现有装潢的层次感。

图6-3 店面照明

灯光照明设计必须符合功能的要求，根据不同的空间、不同的场合、不同的对象选择不同的照明方式和灯具，并保证恰当的照度和亮度。

图6-4 侧面自然采光

利用自然采光可通过各种采光结构创造出光影交织、似透非透、虚实对比、投影变化的环境效果。

图6-5 顶面自然采光

在临街的商业空间设计中，自然采光则被大量使用。

（1）变化性。由于不同时间段的太阳高度角不同，太阳光穿过大气层的路程远近不一样，再加上不同的天气条件下大气层中尘埃微粒不一样等原因，自然光的亮度和颜色变化都非常明显（图6-6）。例如，晴朗的天空看起来是蔚蓝色的，阴天时天空的光线呈现灰色，傍晚时天空由蓝色变为黄色，并逐渐加深变为橙色，最终成为地平线上一抹鲜艳的红色。黎明时分，光线的变化过程与傍晚刚好相反；夜间；亮度很低的深蓝色天空中点缀着点点星光。

（2）显色性。自然光被认为具有最佳的色彩还原性，从理论上来讲，自然光包括了垂直于光波传播方向所有可能的震动方向，所以不显示出偏振性（图6-7）。由于自然光的光谱分布最为完整，因此色彩还原性最佳。正午的阳光的光谱能量分布十分均匀，从光谱能量分布图上看除紫色光的数量稍微少一些外，整幅图呈现一条平滑的曲线。自然光一直都被认为是最理想的、不显示任何颜色倾向的白色光，但其光谱分布却不如直射阳光均匀，蓝色光线明显比红色光线多。因此，我们相信，自然光下所看到的物体颜色基本就是物体本来的颜色。

2. 人工照明

人工照明设计是人工利用各种发光灯具，根据人的需要来调节、安排和实现预期的照明效果。它具有恒定性的特点，可随意处理光照效果（图6-8～图6-11）。商业照明的设计目的，首先是满足观众看商品的照度要求，既要符合视觉卫生，又要保证商品的展出效果；其次是运用照明的手段，渲染展示气氛，创造特定的艺术氛围。商业环境照明中较多使用人工照明，人工照明可以随需而取，创造特有的环境气氛。

图6-6 日光照射角度变化

自然光不但会随每天时间的不同发生改变，而且与季节的变化及所处地域的差异也有关系。

图6-7 日光反射到店内灰色墙面

自然光成为颜色的参照物，在自然光下看到的颜色被认为是真正的颜色。

图6-8 走道照明

巧妙地综合利用自然采光和人工照明及各种照明方式，能有效塑造空间的视觉效果。

图6-9 电梯间照明

人工照明可以渲染空间层次，改善空间比例，限定空间路线，增加空间层析，明确空间导向，强调空间中心。

图6-10 橱窗照明

据各类不同的照明特点，选择不同的光源、光色、型号，避免影响商品固有色。

图6-11 店铺照明

商品陈列区的明度要充分，照度必须比观众所在区域的照度高，光源不裸露，灯具的保护角度合适。

第二节　照明灯具分类

一、照明灯具类型

1. 直接型灯具

直接型灯具绝大部分光通量（90%～100%）直接投照下方，光线通过灯具射出达到假定的工作面上，所以灯具的光通量的利用率最高。直接型灯具易产生眩光，照明区与非照明区亮度对比强烈（图6-12）。

2. 间接型灯具

间接型灯具的小部分（10%以下）光通向下。通过反射光进行照明，如天花灯槽将全部光线射向顶棚，并经天花反射到工作面上，设计得好时，全部天棚成为一个照明光源，达到柔和无阴影的照明效果。此类灯具的光通利用率较其他种类的要低。间接照明光线柔和，无眩光；但光能消耗大，照度低，通常与其他照明方式配合使用（图6-13）。

3. 半直接型灯具

半直接型灯具大部分（60%～90%）光通量射向下半球空间，少部分射向上方，射向上方的分量将减少照明环境所产生的阴影的硬度，并改善其各表面的亮度比（图6-14）。

4. 半间接型灯具

半间接型灯具小部分（10%～40%）光通量向下，它的向下分量往往只是用来产生与天棚相称的亮度，此分量过多或分配不适当也会产生直接或间接眩光等一些缺陷。它们主要作为环境装饰照明，由于大部分光线投向顶棚和上部墙面，增加了间接光，光线更为柔和宜人（图6-15）。半间接照明使大部分光线照射到天花上或墙的上部，使天花非常明亮均匀，没有明显的阴影，但在反射过程中，光通量损失较大。

5. 漫射型灯具

灯具向上和向下的光通量几乎相同，各占50%。最常见的是乳白玻璃球形灯罩，其他各种形状漫射透光的封闭灯罩也有类似的配光（图6-16、图6-17）。

图6-12 直接型灯槽照明

直接照明可使光大部分作用于物体上，因此光的利用率较高，会起到引人注意的作用。

图6-13 间接型灯带照明

由于灯具向下光通过量很少，只要布置合理，直接眩光和反射眩光都很小。

图6-14 半直接型筒灯

除保证工作面照度外，非工作面也能得到适当的光照，使空间光线柔和、明暗对比不强烈，并能扩大空间感。

图6-12 ｜ 图6-13
图6-14 ｜

 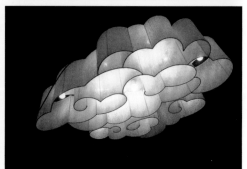

 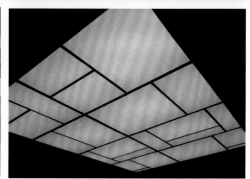

二、照明灯具应用

照明的灯具类型多种多样，按灯具的运用及配置方式分类，可以分为天花灯具、壁灯、台灯、地灯、落地灯等类型。

1. 天花灯具

常用的天花灯具包括以下几种。

（1）悬吊灯。包括吊灯、花灯、宫灯、伸缩性吊灯等。主要用于一般照明，同时起到装饰性的作用（图6-18）。

（2）吸顶灯。包括凸出型、嵌入型灯具。凸出型灯具如吸顶灯，吸顶灯是将照明灯具直接吸附、固定在天花板上的灯具。嵌入型灯具安装时，是将灯具嵌入天花内部，是一种隐藏式灯具，如射灯、筒灯、格栅灯等。嵌入式灯具应用于多种照明方式下，不会破坏天花吊顶的效果，能够保持建筑装饰的整体和统一，将两种照明灯具相结合，让整个照明空间更加的丰富（图6-19）。

（3）发光顶棚。吊顶全部或局部采用透光材料做造型，内部均匀布置日光灯光源的发光顶，称为发光顶棚（图6-20）。透光材料一般选用磨砂玻璃、喷漆玻璃、亚克力板等。巴力天花是一种新型的透光材料，也被大量应用于室内外装饰设计中。不同的是，发光顶棚要求材料要具坚固性，如用钢结构做骨架，并使用钢化玻璃做透光材料。

图6-21 货架发光灯槽

其照明多作为装饰或辅助光源，可以增加空间层次，是一种虚拟空间设计手法，起到引导作用。

图6-22 独立壁灯

除辅助照明作用外，壁灯还起到装饰作用。

图6-23 阵列壁灯

壁灯与其他灯具配合使用，丰富光照效果，增加空间层次感。

图6-24 台灯

台灯的材质与款式多样，用于点缀空间具有良好效果。

图6-25 落地灯

与沙发、茶几配合使用，满足局部照明和点缀装饰家庭环境的需求。

图6-21	
图6-22	图6-23
图6-24	图6-25

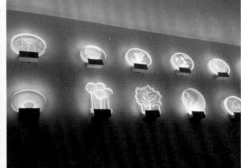

（4）发光灯槽。发光灯槽通常利用建筑结构或装修结构对光源进行遮挡，使光投向上方或侧方（图6-21）。

2. 壁灯

壁灯分为悬挑式和附墙式两种，多安装于墙面或柱子上（图6-22、图6-23）。

3. 台灯和落地灯

以某种支撑物来支撑光源，一般放在茶几、桌案等台面上的灯具为台灯，放在地面上的称为落地灯。台灯和落地灯既有功能性照明作用，也有装饰性和气氛性照明的作用（图6-24、图6-25）。

4．特殊灯具

特殊灯具包括旋转灯、光束灯、流星灯等（图6-26、图6-27）。

第三节　照明设计方法

一、灯具的照明方式

1．整体照明

整体照明指对整体商业空间平均照明，也叫普通照明或一般照明。通常采用漫射型照明或间接型照明实现整体照明。它的特点是没有明显的阴影，光线较均匀，空间明亮，不突出重点，易于保持商业空间的整体性（图6-28、图6-29）。

2．局部照明

只为满足某些空间区域或部位的特殊需要而设置的照明方式被称为局部照明。整体照明是整个商业空间的基本照明，而局部照明更有明确的目的性（图6-30、图6-31）。

图6-26 追光灯

追光灯适用于舞台，在舞台全场黑暗的情况下用光柱突出演员或其他特殊效果。

图6-27 流星灯

是一种室外景观装饰灯，闪烁的效果就像夜空中一道道流星一样在空中划过。

图6-28 鞋包店整体照明

整体照明能够将光源均匀地照射在空间内，实现商业空间内的整体照明。

图6-29 餐厅整体照明

餐厅主要以整体照明为主，不突出店内的某一处空间，可以保持餐厅的整体一致性。

图6-30 快餐厅顶面局部照明

将照明灯具装设在靠近工作面的上方。局部照明方式在局部范围内以较小的光源功率获得较高的照度。

图6-31 服装店墙面局部照明

为了满足局部照明需求，对一定范围内的空间补充光源，突出该空间的局部功能作用。

图6-26	图6-27
图6-28	图6-29
图6-30	图6-31

图6-32 服装店橱窗重点照明

以突出服装为主，在照明上采用定向照明，光源直接照射在服装上，弱化四周的亮度。

图6-33 饰品店商品展台重点照明

可以按照需求突出某一主体或局部，并按需要对光源的色彩、强弱以及照射面的大小进行合理调配。

图6-34 出口装饰照明

通过蓝色的光源来烘托气氛，选用冷色调的灯光，能够平缓心情，通过灯光装饰来分解注意力。

图6-35 背景墙装饰照明

利用装饰照明产生多样化的效果与气氛，随着灯光色彩变换，带给观看者不一样的感受。

图6-32	图6-33
图6-34	图6-35

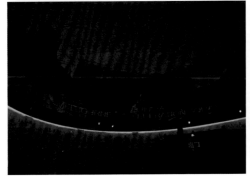

3. 重点照明

为强调特定的目标和空间而采用的高亮度定向照明方式被称为重点照明。在商业空间照明设计中重点照明是常见的一种照明方式（图6-32、图6-33）。

4. 装饰照明

装饰照明是以色光营造一种带有装饰味的气氛或戏剧性的空间效果，用灯光作为装饰的手段，又称气氛照明。它的特点是增强空间的变化和层次感，制造特殊氛围，使商业空间环境更具艺术气氛（图6-34、图6-35）。

二、灯光的表现方式

灯光的表现方式，主要有以下几种。

第一，点光，是点辐射、聚光的形式，如聚光灯在空间中形成点光的表现形式。

第二，带光，通常表现为光带、如日光灯管、LED灯带所呈现的表现形式。

第三，面光，就是以发光面的形式投照，如软膜天花所呈现的灯光形式比较均匀、形成面光的表现形式。

第四，其他表现形式，分为静止与流动的灯光表现方式，如追光灯、霓虹灯、激光等灯光呈现出的表现形式。

第四节　案例分析：创意餐厅灯光设计

"红砖印象"禄鼎纪餐厅是一家具有艺术情怀的港式餐厅，现代都市生活的快节奏生活，让都市人中的大多数上班族对质朴的生活更加的向往，渴望及追求回归本真的生活（图6-36）。

图6-36 "红砖印象"禄鼎纪餐厅

图6-36 "红砖印象"禄鼎纪餐厅

红色的砖墙与复古风格的设计,让整个餐厅的风格更突出,门口用鼓做成的接待区,别具一致,十分吸睛。复古的地面装饰与坐榻,带有雍容华贵的气息。

图6-37 红墙设计

餐厅的外墙部分的设计以红砖文化为奠基,每一处的墙面造型都有一定的变化,平铺的墙面设计、低矮的仿城墙设计,装饰上别具一格的台灯。

图6-38 创意灯光设计

墙上点缀有独特的造型,整齐而又富有变化美,夜晚开灯后宛如漫天繁星。

图6-39 门头设计

餐厅的门头设计是以自然界的动物"鹿"为原型的仿生设计,取自"禄"与"鹿"的谐音设计,门头上奔腾的鹿与门头两侧的造型鹿相呼应。

　　洁净而又明亮的窗户,即使在餐厅外也能看到整个餐厅的装饰风格,让人无法离开视线,在餐厅内可以感受整个空间的独特氛围(图6-37、图6-38)。

　　餐厅门口的等待区在门厅的右边,等待区的座位设计是以"鼓"来代替椅子,幽默而不失风趣,在造型上,采用蓝红相间的错落摆放方式,既不会显得呆板,也能突出设计师的灵活思维(图6-39)。

　　一进餐厅映入眼帘的是一款中式的坐榻。抱枕上印上了中国的戏剧角色,富有戏剧性特色。其次是中部区域的镂空设计部分,鸟笼状的大型吊灯加上带有水晶的装饰物,开灯后仿佛两只鸟儿身形。让整个空间瞬间突出活泼、动感的氛围(图6-40、图6-41)。

图6-40 创意灯饰设计

中式的坐榻、雕花的移门、带有工业风的地砖、复古风的中式设计，让整个空间充满了中式风格的特色。

图6-41 前台设计

前台的设计以复古工业风为主，玻璃的灯具、铁艺的柜台造型、钢丝网、墙上的唢呐以及富有创意性的装饰物，区分了就餐区与服务区，让消费者能够一眼就能找到服务区，减少消费者停留在通道上的时间。

图6-40
图6-41

本章小结

照明设计是商业空间设计中不可或缺的设计要素，本章节在照明设计方法及设计形式上做出了较为详细的解答，对商业空间的照明方式及技巧做出了一定的分析，让读者对现代商业空间的照明设计有一个全新的认识，能够将知识融入设计当中，设计出更多优秀的作品。

第七章
商业空间人体工程学与导向系统

学习难度： ★★★☆☆

核心概念： 人体工程学、空间标识、导向系统

章节导读： 商业空间设计原则要符合人体工程学的设计原理，在商业空间设计中，从人体工程学角度出发，设计者要考虑消费者在商业空间中的行为范围，以及消费者如何在最舒适、安全、自然的状态下做出购买决策。而商业空间的导向系统设计是由人体工程学引发出来的一项新的设计任务，目的在于提高消费者的消费效率。当商业空间人气与销售额度上升时，那么这个商业空间的设计才是一个符合大众审美与消费的空间（图7-1）。

图7-1 商业空间设计

第一节　空间设计与人体工学

　　社会的发展、技术的进步、产品的更新、生活节奏的加快等等一系列社会与物质的因素，使人们在享受物质生活的同时，更加注重在生活空间的"方便""舒适""可靠""价值""安全"和"效率"等方面的评价，也就是在设计中常提到的人性化设计问题，而在商业空间设计中，空间的人性化设计与人体工程学是商业设计的核心要素。

一、人体工程学概述

　　人体工程学是一门新兴的边缘学科，简称人机学。本学科在美国被称为"Human Engineering"；西欧国家多称其为"Ergonomics"；日本和俄罗斯都沿用西欧名称。我国20世纪80年代将其称为"人类工效学"或简称为"工效学"，但在实际的研究或应用中，我国使用的名称并不很一致。除了人类工效学之外，还有称之为"人类工程学""人类因素学""人机工学"等。通过对人体工程学的研究，商业空间在设计的过程中贯彻以人为本的设计理念，使物与人、物与环境及人与环境之间的相互协调，以求得工作与生活的舒适、简便、安全、高效，商业空间的设计与人体工程学的应用是相辅相成的（图7-2、图7-3）。

　　2003年来，人体工程学在室内设计中得到更多应用，其具体为：以人为主体，运用人体计测、生理、心理计测等手段和方法，研究人体结构功能、心理、力学等方面与室内环境之间的合理协调关系，以适合人的身心活动要求，取得最佳的使用效能。其目标应是安全、健康、高效能和舒适。人体工程学与有关学科以及人体工程学中人、室内环境和设施的相互关系。

★ 补充要点

人机工程学

　　所谓人机工程学，亦即是应用人体测量学、人体力学、劳动生理学、劳动心理学等学科的研究方法，对人体结构特征和机能特征进行研究。把人-机-环境系统作为研究的基本对象，运用其他有关学科知识，根据人和机器的条件和特点，合理分配人和机器承担的操作职能，并使之相互适应，创造出舒适安全的生活环境（图7-4、图7-5）。

图7-2 │ 图7-3

图7-2 符合人体动作高度的商品陈列

在本质上，人体工程学就是使工具的使用方式尽量适合人体的自然形态，这样人在工作时，可以减少使用工具带来的疲劳。

图7-3 不希望顾客碰到的商品陈列

不希望顾客碰到的商品应以人体工程学为依据，设计时远离人的高度。

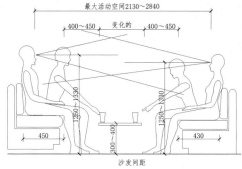

图7-4 人机工程学设计

人机工程学对人体结构特征和机能特征进行研究，提供人体各部分的尺寸、重量、体表面积、比重、重心以及人体各部分在活动时的相互关系和可及范围等人体结构特征参数；还提供人体各部分的出力范围以及动作时的习惯等人体机能特征参数。

图7-5 餐厅设计

将人机工程学应用到餐厅设计中，在商业空间中，就餐环境的舒适度是消费者考虑的必要条件，而卡座的就餐方式，能够节约一定的空间面积，对于商家来说，可以增加接待人数；对于消费者来说，相对于传统的椅子，卡座更加的舒适自在；对于带孩子的消费者来说，安全系数更高。

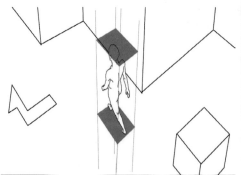

图7-6 空间高度与人体

人体的心理特征、行为特征对商业空间具有尺度与心理要求。

图7-7 走道过窄

过于狭窄的走道不仅影响消费者的购物舒适度，最终影响商场人气。

图7-8 能轻松获取商品的货台

适当的活动范围，能够给予消费者良好的购物体验。

图7-9 无法获取商品的货架

过大或者过小的人体尺度都会让消费者与商场管理者在体验与管理上造成不好的体验。

图7-4	图7-5
图7-6	图7-7
图7-8	图7-9

二、商业空间的人体工程学

1. 商业空间人体工程学的含义

商业空间的人体工程学，就是研究处于商业空间中的人体基本尺度，及人的心理特征、行为特征对商业空间的尺度要求和心理要求（图7-6），以设计寻求人与商业环境之间的和谐关系，其最终目的就是安全、健康、科学、高效和舒适地取得最佳的使用效能。在商业空间中，人体工程学设计能够让消费者在最舒适自在的环境中进行消费娱乐活动（图7-7）。

2. 商业空间人体工程学的作用

商业空间中最基本的人体问题就是尺度，它为进一步合理确定空间的造型尺度、操作者的作业空间、动作姿势等有着重要的帮助作用。

人在不同的商业空间内进行各种类型的活动，所产生的活动范围大小，也就是动作范围，称为动作域。这是确定商业空间尺度的主要依据之一。在人体工程学中，对动作域的设计一方面必须满足肢体活动的尺度范围和人的动作特征与感知习惯；另一方面对消费用具设计要适合使用时的功能结构要求（图7-8、图7-9）。

在商业空间中，人们在坐姿、站姿、通行、视线方面有一个最大距离与最小距离的参考值，在这个范围内人们不会感到压抑、难受，而是以一个相对舒适的状态来进行一系列的活动（图7-10、图7-11）。

目前，以人为中心的设计理念日益成为各设计行业的工作指导方针，使人体工程学这一学科在设计中的应用越来越广泛，在人体适宜尺寸的这一方面，根据人体工程学的设计原理，给出了一定的尺寸依据，其主要作用表现在下列四个方面。

（1）确定人在空间中活动范围的主要参数依据。

（2）确定空间环境及形态尺度的主要依据。

（3）提供空间物理环境适应人体的最佳参数。

（4）对商业空间环境设计提供最佳美学的科学依据。

三、人体工程学的应用

设计师在掌握人体工程学的基本知识后，能够通晓人体尺度在不同功能类别的商业空间设计中的应用数据，主要包括在餐饮空间、娱乐空间、酒店住宿空间、商业购物空间、办公室空间以及展示空间等设计中的人体工程应用。以下是主要类别的商业空间中人体工程学设计的注意要点。

图7-10 接待区域的尺度

商业空间接待区桌面的高度与坐姿高度，因接待区的特殊性（接待人员需要经常的抬头观察被接待者），影响着接待人员工作的疲劳程度，合理的尺寸能够减少人的疲劳。

图7-11 接待空间等候区的平面尺度

根据接待群体人数的多少，合理设置接待区的座椅、桌椅数量，如两人座、四人座、五人座等，或者根据接待人数来变换座椅组合。

图7-10
图7-11

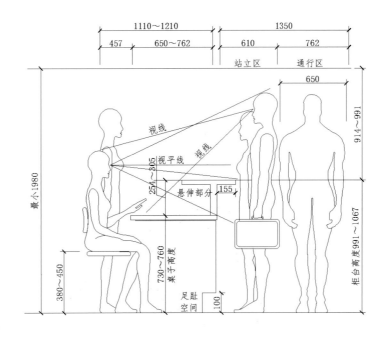

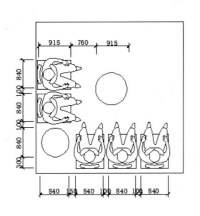
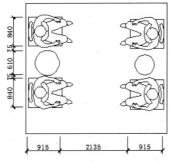
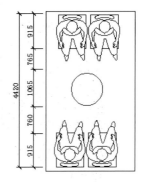
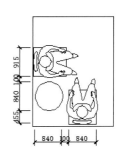

1．餐饮空间

餐饮空间是商业空间设计的重要部分，消费者在购物、休闲娱乐之后，一般会在附近的餐厅就餐，餐厅的就餐舒适度就会成为消费者选择因素，同时也是消费者会不会再次光临的原因。

餐饮各功能空间设计时应注意事项（图7-12～图7-16）。

（1）餐桌的大小与进餐的人数。

（2）餐厅布局中主通道与支通道的尺度。是否符合客人进入餐厅时的人流行为与方向，能否在最短时间抵达餐台，减少人流停留在通道的时间。

（3）服务员端盘出口的通道尺寸与最佳路线。

（4）服务台、吧台客人坐姿、立姿与通道空间的尺度关系。

（5）服务台内工作人员的走动的活动空间。

（6）消费者在存取物品、等待就餐的活动空间尺度等。

图7-12 餐饮空间尺度解析图

在餐饮空间中，餐桌、椅子的高度与宽度，对人体的就座舒适度有着十分直观的联系；不同的餐桌组合，为就餐人数提供了空间尺度。

图7-13 收银服务区

收银区一般位于餐厅的靠墙处，既不会遮挡视线，也容易让消费者识别。

图7-14 餐桌布局与流线

餐桌位于过道两侧，能够最大程度上发挥空间布局特征，最大化优化空间动态。

图7-15 吧台与操作区域

在吧台设置一排高脚凳，能够清楚地看到调酒师工作，以及展架上陈列的物品。

图7-16 等待就餐区域

在就餐人流量大的餐厅，一般会设置等候区，为等待就餐的消费者提供休息场所。

图7-12
图7-13	图7-14
图7-15	图7-16

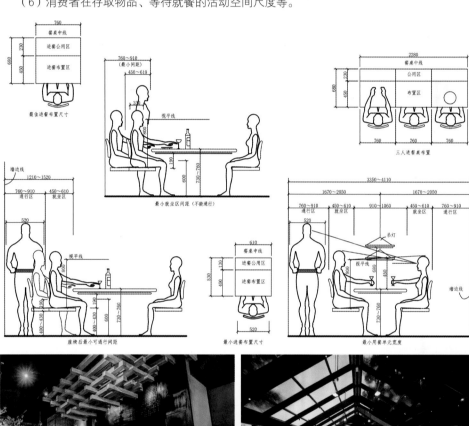

图7-17 吧台与空间高度

在复式结构的吧台空间中，吧台的高度不超过空间高度的1/2的高度，视觉效果更好。

图7-18 吧台与吧凳高度

通常情况下，吧凳的高度为吧台总高度的2/3，这个高度正好适合人体的舒适度。

图7-19 酒店大堂设计

前台接待区设置的休闲座椅，能够为旅途劳累的客人带来安逸感。

图7-20 酒店客房设计

酒店的家具以靠墙或靠边的位置摆放，能够最大限度地利用空间。

图7-17	图7-18
图7-19	图7-20

（7）就餐区的空间设计尺度。

（8）收银及服务的活动空间尺度。

2. 娱乐空间

酒吧代表了一种新型的娱乐文化。酒吧空间的设计风格应个性鲜明，在空间上应该生动、丰富，给人以轻松雅致的感觉（图7-17、图7-18）。

在酒吧各功能空间的设计应注意以下几点：

（1）吧台的高度与吧凳的高度；

（2）吧位坐姿与桌面高度；

（3）通行区域的宽度；

（4）吧台灯光高低尺度；

（5）天花吊顶的高度；

（6）吧凳高度与搁脚架的尺度关系等。

3. 酒店空间

酒店空间设计是功能性服务，力争满足消费者在各个方面的需求，它不是单纯的设计，而是在设计中贯穿符合人类生活习性的要求。酒店设计首先要解决人的基本需求，设计应该是为了让人更好地享受生活（图7-19、图7-20）。

酒店空间设计时应注意的事项：

（1）前台接待区域台面与座椅高度；

（2）大厅休息区与接待区的距离；

（3）酒店通道的流线与安全通道的距离；

（4）房间内地面与床面高度是否符合人体要求；

（5）卫浴高度是否方便拿取。

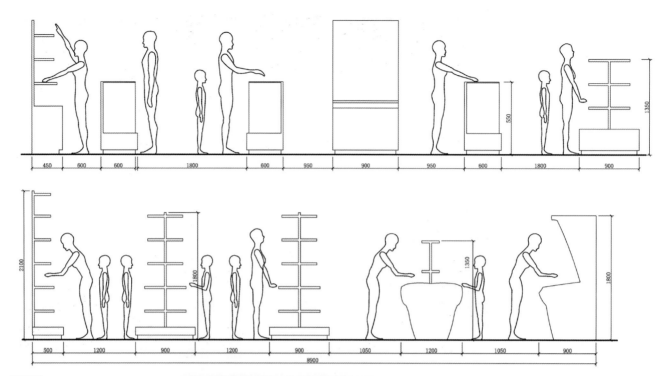

图7-21
图7-21 商场购物空间尺度解析图

商场货柜与人体活动具有一定的范围，在适宜的范围内，人体能够轻松自在地拿取物品。

图7-22 展柜与人动作尺度

展柜的高度要符合人体的活动尺度，使消费者在试装时感觉舒适。

图7-23 货架与通道尺度

专柜在设计货架时，要与空间通道保持一定的距离，方便消费者行走中观看商品。

图7-21
图7-22 图7-23

4. 商场购物空间

商场购物空间有关功能尺度的设计（图7-21）应注意以下几点：

（1）陈列货架的高度与人的立姿视域的关系。

（2）商场陈列柜架与通道空间的尺度关系。

（3）各类货品如服装的销售柜架长、宽、高及内部尺度。

（4）货柜下部存放空间与人动作的尺度关系等（图7-22、图7-23）。

第二节　标识导向系统设计

一、标识导向系统的意义

商业空间设计中，每个空间根据行业区分均有不同的视觉定位，并以整体形象面对消费者，形成统一的视觉形象。那么就涉及CI（也称CIS，Corporate Identity System一般译为"企业识别系统"）方面的相关内容。CI作为企业形象一体化的设计系统，是一种建立和传达企业形象的完整和理想的方法。企业可通过CI设计对其办公系统、生产系统、管理系统以及经营、包装、广告等系统形成规范化设计和规范化管理，由此来调动企业中每个职员的积极性。通过一体化的符号形式来划分企业的责任和义务，使企业经营在各职能部门中有效地运行，建立起企业与众不同的个性形象，使企业产品和其他同类产品区别开来，在同行中脱颖而出，迅速有效地帮助企业创造出品牌效应，占据市场。

CI系统由理念识别（Mind Identity，MI）、行为识别（Behavior Identity，BI）和视觉识别（Visual Identity，VI）三方面构成。MI，即理念识别，称之为CI的"想法"，它是企业的"心"，是战略决策面；BI，则是行为识别，称之为CI的"做法"，它是企业的"手"，是战略执行面；VI是视觉识别，称之为CI的"门面"，它是企业的"脸"，是战略展开面。

在CI系统中，我们主要了解及掌握VI视觉识别的相关知识及内容。VI视觉识别系统在企业形象中的传播最为具体和直接，能位、将企业识别的基本精神、差异性充分地表达出来，快速地得到社会的认知，对建立企业的知名度与塑造企业形象有积极作用。标识及导向系统具有两种重要的作用：识别、导向、指引作用，提示、告知作用（图7-24）。

标识导向牌，顾名思义就是指示方向的牌子，也叫做广告牌、标识牌，比如厕所指向牌、路段之类的都可以叫作导向牌（图7-25）；而在商业空间中，主体墙面标识与服务台为空间中不可缺少的组成部分（图7-26、图7-27）；而以图形为导向的标识牌也呈现在大众的视野中，呈现出品牌的特征和含义（图7-28）。

图7-24 VI基础部分标识导向设计

标识及导向系统在商业空间识别、导向、指导、提示等方面发挥着重要作用，是商业空间持续、协调发展的有机组成部分。

图7-25 标识导向牌

标识导向牌能够起到导向、指引的重要作用，在商业空间中，为消费者提供重要的导向功能。

图7-26 展示柜墙面主题标识

酒店宾馆的大堂指示牌、导向牌、房号牌、咨询台牌、收银台牌，停车用的塑料牌、公园提示牌等都属于指示牌的范畴。

图7-27 服务台墙面主题标识

服务台背景墙是商业空间中的"门面"设计，是不可或缺的一部分。

图7-28 图形语言

众多品牌的标识以图形的方式呈现给大众，能够增强品牌的知名度。

图7-24
图7-25 | 图7-26
图7-27 | 图7-28

二、标识导向系统的应用形式

1. 标识的应用形式

企业标志设计不仅仅是一个图案设计，而是要创造出一个具有商业价值的符号，要兼有艺术欣赏价值。标志图案是形象化的艺术概括。设计师须以自己的审美方式，用生动具体的感性形象去描述、表现标志图案，促使标志主题思想深化，从而达到准确传递企业信息的目的。因此，在商业空间中标识的应用极其广泛。

背景墙面标识设计是商业空间中的应用最广泛的应用形式，方式更为醒目且直接。标识的重复出现，可以加深消费者对品牌的认知度，使品牌得以快速推广（图7-29、图7-30）。

门头标识设计为整体设计中的重点，标识的应用形式以不同的表现手段加以诠释。整体形象的传达，使空间及品牌自身呈现统一的识别特征（图7-31）。灯箱标识也是商业空间中不可缺少的一部分，其形式设计也尤为重要（图7-32）。

2. 导向系统的形式

导向系统是结合环境与人之间的关系的信息界面系统。很多情况下，它体现为标识的个体造型，导视系统现在已经被广泛应用在现代商业场所、公共设施、城市交通、社区等公共空间中，导视系统不再是孤立的单体设计或简单的标牌，而是整合品牌形象、建筑景观、交通节点、信息功能甚至媒体界面的系统化设计。

图7-29 背景墙面标识设计

通过独特的背景墙设计，给消费者留下深刻的印象，从而达到商业空间的独特性设计，对形成品牌特色具有良好的效果。

图7-30 重复标识设计

在商业空间中，重复使用同一标识设计，能够增强该标识在消费者的心理认知。

图7-31 门头标识设计

门头标识是识别每一个专卖店的基础条件，是一个店面的标志。

图7-32 灯箱标识设计

在夜间或者光线不充足的空间，灯箱标识具有良好的导向功能，能够发挥照明作用与指引作用，比一般的标识设计更有成效。

图7-29	图7-30
图7-31	图7-32

图7-33 指示标牌

指示标牌是商业空间的必备设计，是对整个商业空间的合理规划与指示。

图7-34 导视系统界面

导视系统是大型商场中的必要设计，能够以多元化的设计形式，引导消费者行走的合理路线。

图7-35 直观指示牌

通过较为直观的指示牌，引导人们正确的方向。

图7-36 彩色地图

彩色地图通过不同颜色来区分具体的商业位置，导向更具有直观性。

图7-33	图7-34
图7-35	图7-36

指示标牌不仅能起到指引、指示的作用，同时还传达着某种信息，使观者得以认知（图7-33）。图7-34所示，导视系统的信息界面范围较广、不但起到指示、指引作用，同时还起到展示、告知的作用；图7-35所示，直观的指示，一目了然。具象且真实的彩色地图是导视系统最广泛使用的传达形式（图7-36）。

★ 补充要点

视觉识别系统

视觉识别系统设计是最外在、最直接、最具有传播力和感染力的设计。视觉识别系统即VI，是CI系统中最具传播力和感染力的部分。VI使消费者对企业或产品品牌形象快速识别与认知，在企业对外宣传和企业识别上能产生最有效、最直接的作用。VI将CI的非可视内容转化为静态的视觉识别符号，以无比丰富的多样的应用形式，在最为广泛的层面上，进行最直接的传播。设计到位、实施科学的视觉识别系统，是传播企业经营理念、建立企业知名度、塑造企业形象的利器。

VI一般包括基础部分和应用部分两大内容。其中，基础部分一般包括：企业的名称、标志、标识、标准字体、标准色、辅助图形、标准印刷字体、禁用规则等；而应用部分则一般包括：标牌旗帜、办公用品、公关用品、环境设计、办公服装、专用车辆等。

第三节　标识导向设计原则

标识导向设计与人的行为密切相关，导识系统必须以人的行为模式为基础，才能对人的行为加以组织、引导。对人的活动进行分类，即必要性活动，是人类在各种条件下都会发生的活

动；自发性活动，是人类在意识的支配下所发生的一切活动；商业性活动中的标识导向设计制作，是被动式的接触，即仅以视听来感受他人的活动。

商业空间的标识导向设计原则有以下几种方式。

一、标志性原则

一般的导识信息仅仅是关于开放时间、商品名称及楼层布置等，一个导识系统需要具有特定的标志性，才能加深人们对周围环境的记忆与理解。

例如星巴克咖啡厅，统一的标识、装修及装饰色彩，每当人们看到带有白色美少女的圆形标识牌，就能立马知道这里有一家星巴克咖啡厅（图7-37）。

二、可达性原则

人类是使用导识系统来认知商业空间活动的主体，作为认知的人类是开放的群体，是有着不同的文化背景、不同年龄段、不同生活习惯的多元化群体（图7-38）。

三、可见性与可理解性

标识设计制作中的可见性就是要求在一定的距离范围内，可以清楚看到导识系统传达的内容。因此，导识标识应该具有鲜明和尽可能用简明的文字表达，让各类人群很容易辨别周围环境（图7-39）。

四、诱发性原则

人类的活动有些是需要有目的性地去完成，有的活动是随机发生完成的。因此，导识标识设计制作除了引导人们想要进行的活动外，也要通过设计和组织引导某些活动发生，满足人们潜在的活动需求（图7-40）。

★ 小贴士

标识导向系统设计要素

1. 功能性要素。功能性要素是城市公共交通标识导向系统设计的关键内容，也是系统整体的核心之所在。

2. 规范性要素。作为传递交通空间信息媒介的标识，需将庞杂的环境信息在最短的时间内准确地传达给场所内的人群，这就要求其标识设计必须标准化、规范化。

3. 系统性要素。这一要素要求将城市公共交通环境内的标识导向按照一定的排列原则和内在逻辑构成进行组合，以达到不同空间环境的需求，各个标识进行合理的配置融合，进而形成一个有机的整体。

4. 通用性要素。城市公共交通标识导向系统的受众人群是城市中大多数人群，这就要求其必须满足通用性设计要素。

5. 安全性要素。在标识导向系统的外观造型上也要考虑其形状的安全性，以及制作工艺的成熟与否等。

6. 人文性要素。城市环境特色对公共交通标识导向系统的设计有着极高的要求，在设计过程中需考虑城市文化特点，在满足功能和美观的前提下，应与其所处的城市环境相谐调统一，在文化和精神两个层面上打造出符合城市气质、凸显城市魅力，让公共交通标识导向系统成为一座城市文化的延续。

第四节　案例分析：时尚概念店设计

澳大利亚事务所March Studio设计的墨尔本Sneakerboy概念店一完工，便掀起了一股时尚潮流。在如今的网络购物大潮中，过去的各种实体店都开始做出应对，开启了互联网营销模式。而Sneakerboy概念店将这种便利的购物模式带往一个新境界，成为一个不收现金也不线下售卖商品的实体在线商店，顾客在实体商店中看鞋子，然后试穿，最后再通过智能手机到线上购买自己心仪的款式。由于商店只放样货而不设库房，从而为商品争取到更多的展示面积（图7-41、图7-42）。

图7-41 | 图7-42

图7-41 改造前平面图

改造前，这里仅仅是一家普通的专卖店，在布局设计上并无特色。随着电商行业火爆，不少实体店开始转型，发掘新的销售卖点。因此，这家店结合线上线下的营销模式，开创出新的经营之道，为众多消费者喜爱。

图7-42 改造后平面图

改造后，原本单调的专卖店一跃成为新兴概念店。整个商业空间以展示为主，一楼是整个店面的核心布局，靠墙体的部位都设计了展示柜，用来展示商品。中间位置则设计了试鞋区，方便消费者试穿。二楼则作为休息娱乐区，为消费者提供多元化服务。

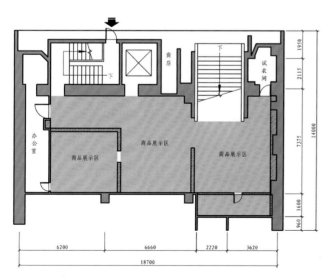

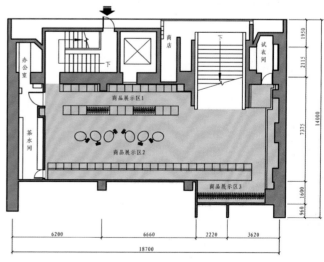

图7-43 外观设计

外观采用玻璃砖拼接，在灯光的照射下，十分吸睛。圆形的入户门，在视觉上给人通往神秘空间的感觉，在外观造型上就给予消费者一定的探索欲望。同时，从人机工程学来说，圆形造型给人感觉更亲切、安全。

图7-44 通道设计

整个通道的尺寸为1600mm×8100mm，足够两人并排行走，或者两人转身时，都不会有任何的妨碍。

图7-45 展架设计

展架根据鞋子的尺寸，设计好每一个格口的大小，能够容纳所有尺寸的鞋子。

店面主要分两个区域，第一个是进门处的展示区，这个区域的形状像是地铁长廊，风格既复古又具有科技感，这里的可调式光源能够改变照明强度营造出不同的展示氛围。每个鞋子的下方都有一块LED显示屏，滚动显示着鞋子的设计信息。顾客可以扫描自己心仪的款式，得到价格和是否有货等信息。

第二个区域是方形的试鞋区。这里像是一个鞋子的图书馆，四周的格口排满了鞋子，中间是6张挺酷的钢椅，邀请人们坐下来试穿，椅子旁边还安装了Ipad，帮助顾客完成购鞋活动（图7-46～图7-49）。

图7-43	
图7-44	图7-45

图7-46 空间导向设计

通过展架来达到分隔空间，引导消费者的作用，展架引导消费者顺着展架的一侧来通过。

图7-47 空间尺度设计

由于是商业空间，每个入口的尺寸都进行了放大处理，让店内能够容纳更多人。

图7-48 舒适性设计

休息区设计在空间的中部，距离店内的每一个展架的距离相差不大，顾客使用起来比较方便。

图7-49 人性化设计

客人试穿完毕后，顾客可以直接在座椅旁的Ipad上下单，即可买到该商品，十分方便，符合网购潮流。

图7-46	图7-47
图7-48	图7-49

本章小结

　　本章从人−物−环境的角度，以人体工程学的理论出发，讲述了在商业空间中如何利用人体工程学的原理来进行合理的空间设计，让商业空间更好地为消费者服务，创造出更加舒适、温馨的商业环境。标识导向设计是商业空间的设计重点要素，合理的使用标识导向设计，即使购物商场内人满为患，消费者也不会在商场内迷失方向，避免造成混乱。

第八章
商业空间设计案例分析

学习难度： ★★☆☆☆

重点概念： 空间布局、设计手法、要素、构思

章节导读： 商业空间是我们生活中较为广泛的空间设计，因其特殊的空间性能，在商业空间设计中，空间的美观性及功能性是设计师主要考虑的要素。随着科技的发展、生活水平的提高，人们对空间的功能性有了更多的要求，商业空间设计也更加的趋于完善（图8-1）。

图8-1 酒店设计

第一节 港式餐厅设计

百乐时代广场时代购物广场位于香港铜锣湾的显著位置，为了满足新一代香港人不断变化的口味需求，餐厅的使命是利用创新的技术和优质的时令食材为受欢迎的传统菜肴带来新的元素（图8-2）。

到达餐厅后，就餐者可穿过垂直帘组成的弯曲通道，来到以木材为主材料的餐厅。在入口的两侧，设有两间曲线型的贵宾室，从繁华的购物中心有一个渐进的通道通向主餐厅的空间（图8-3~图8-5）。

图8-2 百乐时代广场餐厅

作为一种设计策略，NCDA创造了一个557.4m²的餐厅，代表的是新与旧空间通过一个综合的区域融合在一起。

图8-3 通道设计

压缩入口以突出主餐厅宽大的体积，进而过渡到为顾客提供一种平静的就餐体验。

图8-4 标识设计

带有图形的灯箱标识增添了创意元素，为整个餐厅带来时尚气息。

图8-5 次通道设计

由于主通道采用流线型设计，次通道在设计时主要以安全通行为主，以简约的线条设计搭配灯光，打造时尚、前沿的现代感。

图8-2	
图8-3	
图8-4	图8-5

图8-6 拱形天花板设计

采用一个成本经济且设计感强的方式，产生一个独特而复杂的吊顶形式，在视觉上具有惊艳的效果，整个餐厅仿佛具有流动性。

图8-7 定制壁灯设计

定制壁灯与椅面靠背之间形成潜在的关联，圆形的壁灯与顶面吊顶的流动性效果形成一个整体，在视觉上，更像是发光的眼睛。

图8-8 餐厅整体设计

餐厅整体设计以对称式布局为主，颜色多选择金色、米色、白色、嫩绿色、棕色等颜色，赋予整个空间精致、典雅的感觉。

图8-9 餐厅照明设计

照明设计主要以直接照明和间接照明相结合，整个空间采用暖色光源，整体感十分柔和。

图8-10 包房设计

包间采用隔而不断的形式，在包间内部可以隐约看到大厅的环境，缓解了包间的局促感与压抑感。

图8-6	图8-7
图8-8	
图8-9	
图8-10	

　　进入餐厅后，主餐厅的拱形天花板，螺纹数控铣削的顶棚结构包括20个半拱，覆盖整个天花板（图8-6、图8-7）。木复合结构提供了良好的吸声性能，有助于吸音让空间保持安静。定制壁灯悬挂灯具为靠近墙面的就餐空间提供了气氛照明（图8-8～图8-10）。

第二节　时尚店面设计

　　Oiselle是一家知名的西雅图公司，与运动员专用社区有着紧密的联系，是一家可以容纳服装、配饰，提供季节性产品的公司，同时也成为一个面向Oiselle各类跑步社区的"俱乐部之家"，并兼顾零售店的功能。店面的门头采用的"黑、白、灰"三种颜色设计，将简单的几何图形拼接起来，形成富有连续性的动态美，超大的橱窗展示出了店内的主题风格（图8-11~图8-16）。

图8-11 店面展示

设计师旨在打造一个小巧而灵活的旗舰店，同时能适应人们不断变化的服装和配饰选择需求，并成为Oiselle的"俱乐部之家"。这个空间还会用来举办跑友见面会、马拉松观看派对及兼作运动员签名场所，同时还可以作为零售商店。整洁的店面外观，给人简洁、明快的感觉。

图8-12 服装桌子打开状态

各种元素的协同工作，将现有的区域转换成一个多功能空间。

图8-13 服装桌子收起状态

北墙、东墙和南墙通过一块枫木胶合板在材质上紧密相连，既作为家具，又成为定制的墙面展示系统。

图8-14 能飞的剧场

能飞的剧场则是商店转换为举办大型集会的主要装置。可以升降的展示货架，平时作为展示功能使用，当有小型的聚会时，可以直接将货架往上升，腾出空间来举办派对。

图8-15 带有升降的货架

带有升降功能的货架，能够满足不同的场所需要，工作日时，这里是时尚运动装专卖店。休息日时，这里是朋友聚会的休闲场所。

图8-16 货架的展示功能

货架具有良好的展示功能，既能作为服装的系列式展示，又能陈列与运动相关的小物品。

图8-11	图8-12
图8-13	图8-14
图8-15	图8-16

图8-17 购物场景

当货架下降时，所有的货架上展示出店内的主要商品，整个空间呈现出商业动态，这里跟平时的服装店并无差异。

图8-18 聚会场景

而当货架上升时，店内就可以作为娱乐休闲场所，变换十分自由，可以随意切换为商业模式与娱乐模式。原有的背景墙、定制柜体被保留，其他的货架全部被升起，空间十分开阔。

图8-19 酒店地理位置

酒店地理位置处于金融区，交通方便，是众多商务人员及休闲旅客的首选，在这里可以眺望新加坡市区中心的天际线、新加坡河畔广场，或是滨海湾。

空间中从安装的框架到现有的钢梁悬挂展示架，在举办活动时，展示架可以吊至天花板上，获得一个完全开放的下方空间。展示架升高或降低通过安装在墙面上的一个简易手动绞盘实现（图8-17、图8-18）。

第三节　国际酒店设计

新加坡浮尔顿湾大酒店坐落于新加坡的艺术和金融区，该酒店是一个舒适的休息地。大厦始建于1928年，其丰富的遗产、新古典主义建筑和核心位置使它成为商务和休闲旅客的选择。自2001年开放以来，该酒店作为新加坡酒店协会会员，赢得了一些值得关注的奖项。（图8-19~图8-24）。

图8-17 ｜ 图8-18
图8-19

图8-20 浮尔顿湾大酒店

在《Conde Nast旅行者读者》被评为2006年亚洲最佳酒店。酒店成功地融合新老文化，并成为一个适合商务和休闲旅客的五星级酒店。

图8-21 客房基本设施

酒店拥有400间客房和套房，整个房间的格局划分清晰，每个房间都配备了办公桌、沙发、坐榻，方便来往的旅客使用。

图8-22 客房格局划分

开放式的浴室设计，能够最大程度上实现空间的连贯性，每个房间都带有淋浴房或浴缸，让旅途疲惫的客户能够在这里得到放松。

图8-23 客房日景

白天阳光充足时，可以放下窗帘，营造温馨自在的氛围。透过落地窗，能够清晰地看到海湾上的景观与来往的游艇。

图8-24 客房夜景

从每个房间的窗户都可以看到新加坡的夜景，这些房间或者可俯瞰天井前厅，或者可看到新加坡市区中心的天际线。

图8-25 西式餐厅

西式餐厅设有吧台与独立式的餐桌，适合不同人群就餐使用，在吧台边，能够领略到厨师的高超厨艺，享受现做现吃的美味，而在独立式就餐区，能够与朋友之间亲密交谈，观看室外景观。

图8-26 日式餐厅

日式餐厅在配色设计上，采用原木色系，强调日式风格的独特性。

图8-20	
图8-21	图8-22
图8-23	图8-24
图8-25	图8-26

酒店还设有5个餐饮场所。对一些商务旅客，酒店还设有24小时全天候服务的金融中心，提供财政报道及全球新闻的专业服务。此外还有15间会议室（图8-25～图8-29）。

图8-27 中式餐厅

中式餐厅采用中式桌椅、吊灯、吊顶，在各个方面展现出中式风格魅力。

图8-28 户外泳池

酒店有一个25m²的户外大游泳池，配有健身中心和豪华的温泉浴场，在这里可以自由自在地享受水中世界带来的乐趣。

图8-29 半岛式露台

享受夕阳带来的美好时光也别有一番风味，休闲的半岛式露台，无论是清晨还是傍晚，都可以欣赏不一样的风景。

图8-27
图8-28
图8-29

第四节　复古咖啡厅设计

　　咖啡厅是都市人群休闲、放松的好去处。近年来，各种风格的咖啡厅迅速崛起，占据了城市的一席之地，为人们提供放松心情、打发时间的空间（图8-30～图8-37）。

图8-30 保留原始粗糙的墙面

图8-31 带有复古气息的门框

近年来，带有工业复古风的设计风格急卷而来，复古风的咖啡店满足了都市青年的美好想象，在这里可以讨论自己喜欢的话题，享受轻松自在的氛围。

图8-32 做旧的座椅

特意做旧的桌面，涂饰漆面的椅子，带有一丝独一无二的气质，仿佛小时候与家人围坐在一起的感觉。

图8-33 艺术性装饰

粗犷的水泥墙面上，没有任何过多的粉饰，保留出最原始的面貌，一幅充满艺术气息的画作展示在其中，仿佛量身定制。

图8-34 绿化设计

绿化是整个咖啡厅设计的点睛之处，复古的家具加上带有田园气息的植物花卉，展现出设计者的别有用心，突出整个空间的艺术氛围。

图8-35 二楼俯瞰图

从楼上俯瞰一楼，一抹艺术气息扑面而来，拼花的地砖展现出店主的品位，绿油油的植物散发着勃勃生机，木结构的多边形艺术吊灯，从细节处体现设计的巧妙之处。

图8-30	图8-31
图8-32	图8-33
图8-34	图8-35

图8-36 眺望楼上

图8-37 天花吊顶装饰

从一楼眺望二楼，一眼就能够发现上下两层装饰风格大不一样，定制的天花吊顶，将整个二楼空间在视觉上延伸，减少压抑感；墙面也不再是原始的水泥墙面。

图8-38 转变设计风格

相对于一楼的工业风设计，二楼的设计风格明显地趋向于柔和，木地板与一楼的玻化砖形成鲜明对比，二楼的时尚壁纸与一楼质朴的墙面对比，效果十分明显。

图8-39 视觉上拉升层高

竖向黑白条纹壁纸，颇具时尚气息。在视觉上，竖向的条纹能够拉长比例，解决了二楼层高过低的问题，减少空间局促感。

图8-40 休闲座椅

红色的咖啡桌与带有复古设计的座椅，将现代家具与古典家具相结合，展现出咖啡厅的包容性与设计感。

图8-41 物品展示

展示柜上的陈列品各有特色，排成一排，也不会显得突兀。

图8-36	图8-37
图8-38	图8-39
图8-40	图8-41

相对于一楼的设计风格，二楼明显多了一丝温馨，在装饰上更是下足功夫，黑白相间的壁纸，在视觉上有效解决了层高的不足带来的压迫感（图8-38、图8-39）。

相对于一楼的物品展示，二楼餐边柜上整齐摆列的展示物品，摆放错落有致，充满趣味的地球仪，具有纪念意义的旅行照，都是设计师的精心设计（图8-40、图8-41）。

操作间在色彩上打破了以往的规矩色，采用黑色的墙砖与不锈钢金属相结合，工业风格十足，仿佛每一份餐点的制作都是经过实验而来，以最好的口味呈现给每一位客人；杯架也做出了创新设计，吸附在屋顶的金属边框，在中部加上一整面的玻璃，杯子既可以倒扣在杯架上，也可以直接放置在玻璃层板上，收纳功能更强大（图8-42、图8-43）。

图8-42 色彩设计

咖啡厅的复古气息在厨房中发挥到了极致，黑色的墙面砖，与厨房炊具形成整体风格，让厨房空间显得整齐有序、不凌乱。

图8-43 储物设计

酒架采用金属与玻璃材质，与整体的工业风相吻合。采用上下结构设计，能够将储物空间最大化，承载更多的物品。

图8-42 | 图8-43

本章小结

　　本章通过案例式教学，结合中外优秀商业空间设计案例，对商业空间进行深度剖析，将其设计精华分解详述。在案例中，通过对餐厅、服装店、酒店、咖啡厅等商业空间的讲解，多角度地展示商业空间的设计要点，展现出商业空间的独特魅力。

参考文献

[1]（美）科帕茨. 三维空间的色彩设计. 北京：水利水电出版社，2007.

[2]（美）安德鲁·布兰格. 设计带动商机——精品店装饰展陈设计. 江苏:江苏科学技术出版社，2014.

[3]（日）福多佳子. 国际环境设计精品教程：照明设计. 北京：中国青年出版社，2015.

[4] 熊兴福，舒余安. 人机工程学. 北京：清华大学出版社，2016.

[5] 周莉，袁樵. 餐厅照明. 上海：复旦大学出版社，2004.

[6] 鲁睿. 商业空间设计. 北京：知识产权出版社，2005.

[7] 周长亮，李远. 商业空间设计. 长沙：中南大学出版社，2007.

[8] 周昕涛. 商业空间设计. 上海：上海人民美术出版社，2006.

[9] 符远. 展示设计. 北京：高等教育出版社，2003.

[10] 李泰山. 环境艺术专题空间设计. 南宁：广西美术出版社，2007.

[11] 张绮曼，郑曙旸. 室内设计资料集. 北京：中国建筑工业出版社，1993.

[12] 郭立群. 商业空间设计. 武汉：华中科技大学出版社，2008.

[13] 张志颖. 商业空间设计. 北京：中国电力出版社，2008.

[14] 赵彦杰，雷琼. 景观工程设计技术丛书——景观绿化空间设计. 北京：化学工业出版社，2014.

[15] 田鲁. 光环境设计. 长沙：湖南大学出版社，2006.